高等职业教育机电类专业新形态教材

液压与气动技术

主　编　张文亭　吴　敏
副主编　马　杰
参　编　黄　鑫　赵　君　林　希
　　　　焦峥辉　张晓通　蔡　嵘

机械工业出版社

本书分为气压传动和液压传动两个模块，主要介绍了液压与气动技术各类元件的基础知识和基本回路，内容包括基本概念、原理介绍、理论分析、结构特点、应用介绍等；同时以液压与气动技术实际应用案例设计了十个项目，其中气压传动模块中各项目分别为工件转运装置气动回路的识读与装调，压盖装置气动回路的设计与装调，料仓卸料装置气动回路的设计与装调，冲压装置气动回路的设计与装调，压装装置电、气动回路的设计与装调；液压传动模块中各项目分别为液压千斤顶液压回路的识读与装调，翻斗车自动卸料装置液压回路的设计与装调，模具冲压装置压力控制回路的设计与装调，磨床工作台液压控制回路的设计与装调，液压压力机装置电、液控制回路的设计与装调。

本书可作为高等职业院校机械制造及自动化、机械设计与制造、机电一体化技术等专业理实一体化教材，也可供相关工程技术人员参考。

本书配有电子课件，凡使用本书作为教材的教师可登录机械工业出版社教育服务网 www.cmpedu.com 注册后免费下载。咨询电话：010-88379375。

图书在版编目（CIP）数据

液压与气动技术/张文亭，吴敏主编. —北京：机械工业出版社，2024.3

ISBN 978-7-111-75174-8

Ⅰ.①液…　Ⅱ.①张…②吴…　Ⅲ.①液压传动②气压传动　Ⅳ.①TH137②TH138

中国国家版本馆 CIP 数据核字（2024）第 040413 号

机械工业出版社（北京市百万庄大街 22 号　邮政编码 100037）
策划编辑：王英杰　　　　　　　责任编辑：王英杰　章承林
责任校对：郑　婕　张昕妍　　封面设计：张　静
责任印制：刘　媛
北京中科印刷有限公司印刷
2024 年 6 月第 1 版第 1 次印刷
184mm×260mm · 10.75 印张 · 261 千字
标准书号：ISBN 978-7-111-75174-8
定价：36.00 元

电话服务　　　　　　　　　　网络服务
客服电话：010-88361066　　机 工 官 　网：www.cmpbook.com
　　　　　010-88379833　　机 工 官 　博：weibo.com/cmp1952
　　　　　010-68326294　　金 书 　　网：www.golden-book.com
封底无防伪标均为盗版　机工教育服务网：www.cmpedu.com

前　言

液压与气动技术是利用有压流体（压力油或压缩空气）作为能量传递媒介的动力传输技术，广泛应用于机械、化工、冶金、汽车、船舶、航空、航天以及轻工、食品等行业中，在智能制造领域发挥着不可替代的重要作用，液压与气动技术的发展程度已经成为衡量一个国家工业水平的重要标志。

为满足企业对智能制造应用技术领域高素质技能人才的需求，编者结合自身多年一线教学实践经验，将教材开发作为职业教育专业建设的切入点和突破口，基于工作过程导向进行教材开发，借鉴德国"双元制"人才培养理念，以学生为主体，以项目为载体，以工作任务为导向，以培养学生在液压与气动技术方面的应用能力为目标，对传统液压与气动教材进行了精简，并引入典型案例，按照学生的认识规律，对液压、气动部分各设计了五个由简单到复杂的项目，每个项目都包含理论知识和实践操作部分，且在各类液压气动实训设备上都可以完成，同时，教材还辅以视频和动画，让学生学习和理解起来更加容易和轻松。

本书由张文亭、吴敏主编，具体编写分工为：陕西工业职业技术学院张文亭编写气压传动模块项目一、项目五，及液压传动模块项目一；陕西工业职业技术学院马杰编写气压传动模块项目二，及液压传动模块项目二、项目三；陕西工业职业技术学院黄鑫编写气压传动模块项目三；陕西工业职业技术学院赵君编写液压传动模块项目四；陕西工业职业技术学院林希编写气压传动模块项目四；上海现代化工职业学院吴敏、陕西工业职业技术学院焦峥辉、天煌科技实业有限公司张晓通、陕西法士特齿轮有限责任公司蔡嵘共同编写液压传动模块项目五。

吴敏对本书体例格式进行了统一，张晓通、蔡嵘提供了部分案例。本书参考了一些已出版的同类教材，在此向相关作者表示诚挚的感谢。

由于编者水平有限，书中不当之处在所难免，恳请广大读者批评指正。

编　者

名称	图形	名称	图形	名称	图形
1-01 气源装置的组成		1-12 后冷却器		2-04 液压马达	
1-02 空气压缩机		1-13 油水分离器、储气罐		2-05 换向阀	
1-03 气缸		1-14 分水过滤器、油雾器		2-06 认识液压能源装置	
1-04 气动方向控制阀		1-15 消声器、管道系统		2-07 液压泵的选用	
1-05 人力控制换向阀		1-16 节流阀		2-08 认识压力控制阀	
1-06 机械控制换向阀		1-17 速度控制回路		2-09 压力控制回路	
1-07 气压控制换向阀		1-18 气动逻辑元件		2-10 流量控制阀	
1-08 空气干燥器、过滤器		1-19 典型逻辑回路		2-11 调速回路	
1-09 减压阀		2-01 液压传动基础知识		2-12 液压压力机液压系统	
1-10 顺序阀		2-02 认识液压缸			
1-11 溢流阀		2-03 液压缸的典型结构			

目　录

模块一

气 压 传 动

气动系统安全操作规程

熟悉并掌握实验系统的结构、性能、操作方法，以及使用这些设备时应遵守的安全技术规程：

1）气动设备的启动和停止，必须在得到指导教师的指令后方可进行操作。

2）气动设备起动前应检查：气压是否达到要求；管线是否连接好。

3）气动设备起动后应检查：气压的变化；设备的运转情况，若发现异常情况应采取相应措施进行处理。

4）气动系统应在设计压力范围内工作，严禁随意改变压力。

5）注意气动系统中阀门的开关顺序，先开低压，后开高压，先关高压，后关低压。操作时应缓慢进行，以防管路产生冲击。

6）正确地将元件插在安装板上。

7）将所有的管线连接好，检查无误后才能接通压缩空气。

8）在有压力的情况下拆卸软管时，应握紧软管的端头。

工件运转装置气动回路的识读与装调

【知识要求】

1）能说出气压传动系统的基本组成。
2）了解方向控制阀的基础原理。
3）能说出气缸的工作原理。
4）了解方向控制回路的类型和应用。

【能力要求】

1）具有正确识别气压传动系统各组成部分的能力。
2）具备正确选用方向阀的能力。
3）具备正确选用气缸的能力。
4）具备根据任务要求，设计和调试简单方向控制回路的能力。

【素质要求】

1）遵守现场操作的职业规范，具备安全、整洁、规范实施工作任务的能力。
2）具有遵守标准的意识，以及发现问题和解决问题的能力。
3）以积极的态度对待训练项目，具有团队交流和协作能力。
4）树立建设工业强国的创造精神和奋斗精神。

【项目情境描述】

某公司生产木材制品，在生产过程中，需要将某方向传送装置上的来料推动至与其垂直的传送装置上，做进一步加工。工件运转装置模型及气动控制回路如图 1-1-1 所示。

本项目以工件运转装置气动控制系统为例，请你通过对气动系统传动原理的分析、气动回路的识读，完成运转装置的气缸及气动元件选择，并完成气动回路的搭建和调试。

安全事项：

为了避免在项目实施过程中引起人员受伤和设备损坏，请遵守以下内容：

1）元件要轻拿轻放，不能掉下，以防伤人。注意：毛刺、沾油元件容易脱手。
2）元件连接要确保可靠。
3）回路搭建完成，须经指导教师确认无误后，方可起动回路。
4）不要在实验台上放置无关物品。

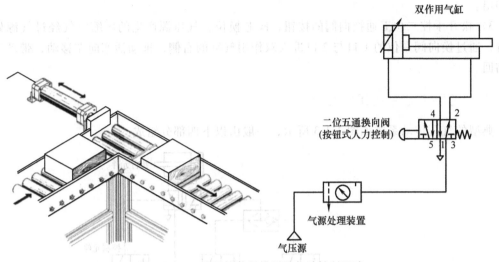

图 1-1-1　工件运转装置模型及气动控制回路

5）安全用电，保证在断电情况下插线、拔线。

学习任务一　气压传动系统认知

一、气压传动系统原理分析

气压传动系统的工作原理是利用空气压缩机将电动机或其他原动机输出的机械能转变为空气的压力能，然后在控制元件的控制和辅助元件的配合下，通过执行元件把空气的压力能转变为机械能，从而完成直线运动或回转运动并对外做功，如图 1-1-2 和图 1-1-3 所示。

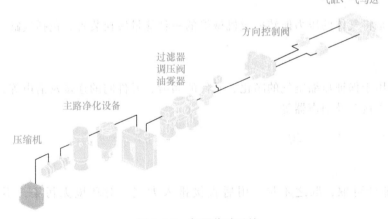

图 1-1-2　气压传动系统

工件运转装置的工作原理：

1）初始位：二位五通换向阀阀芯处于右位，双作用气缸处于缩回位置。

2）按下手控二位五通换向阀的按钮，阀芯换位，气压源产生的压缩空气经过气源处理装置，通过换向阀左位的 1 口与 4 口进入双作用气缸的左侧，推动活塞向右移动，带动工作台伸出。

3）松开手控二位五通换向阀的按钮，阀芯换位，气压源产生的压缩空气经过气源处理装置，通过换向阀右位的 1 口与 2 口进入双作用气缸的右侧，推动活塞向左移动，带动工作台缩回。

二、气压传动系统组成分析

典型的气压传动系统如图 1-1-3 所示，一般由以下四部分组成。

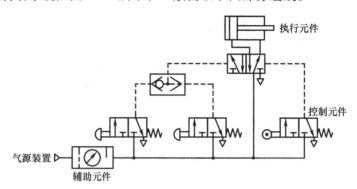

图 1-1-3　气压传动系统回路示意图

1. 气源装置

气源装置是获得压缩空气的装置。其主体部分是空气压缩机，它将原动机供给的机械能转变为气体的压力能。

2. 控制元件

控制元件用来控制压缩空气的压力、流量和流动方向，以便使执行机构完成预定的工作循环。控制元件包括各种压力控制阀、流量控制阀和方向控制阀等。

3. 执行元件

执行元件是将气体的压力能转换成机械能的一种能量转换装置，包括气缸、气马达、摆动马达等。

4. 辅助元件

辅助元件用于保证压缩空气的净化、元件的润滑、元件间的连接及消声等，它包括过滤器、油雾器、管接头及消声器等。

三、气压传动特点分析

1. 气压传动的优点

1）空气随处可取，取之不尽，用后直接排入大气，对环境无污染，不必设置回收装置。

2）空气黏度小，流动时的压力损失小，便于集中供气和远距离输送。

3）气动反应快，动作迅速，调节方便，维护简单，管路不易堵塞。

4）气动元件结构简单，制造容易，适于标准化、系列化、通用化。

5）工作环境适应性好，特别适于在易燃、易爆、多尘、强磁、辐射、振动等恶劣工作环境中工作。

6) 空气具有可压缩性,使气压传动系统能够实现过载自动保护。

2. 气压传动的缺点

1) 空气具有可压缩性,不易实现准确的速度控制和位置控制。

2) 工作压力较低(一般为 0.4~0.8MPa),只适用于压力较小的场合。

3) 因空气无润滑性能,故在气动回路中应设置润滑装置。

4) 排气噪声大,需加消声器。

四、气压传动的应用

气压传动在下述几方面有普遍的应用:

(1) 机械制造业 包括机械加工生产线上工件的装夹及搬运,铸造生产线上的造型、捣实、紧固、合箱等,汽车自动化生产线上车体部件自动搬运与固定、自动焊接等。

(2) 电子集成电路及电器行业 如用于硅片的搬运,元器件的插装与锡焊,家用电器的组装等。

(3) 石油、化工业 用管道输送介质的自动化流程绝大多数采用气动控制,如石油提炼加工、气体加工、化肥生产等。

(4) 轻工食品包装业 包括各种半自动或全自动包装生产线,例如酒类、油类、煤气罐装,各种食品的包装等。

(5) 机器人 如装配机器人、喷涂机器人、搬运机器人以及爬墙、焊接机器人等。

(6) 其他 如车辆制动装置、车门开闭装置、颗粒物质的筛选、鱼雷导弹自动控制装置等。

【课堂工作页】

1. 请你根据所学知识写出生活中你所知道的气动控制系统应用实例。

_____

_____

_____

2. 请你结合气压传动系统组成分析,补充填写工件运转装置的组成部分。

控制类别	名 称	控制类别	名 称
气源装置	空气压缩机	执行元件	
控制元件		辅助元件	管接头

3. 请你至少各写出气压传动系统的三个优点及缺点。

优 点	缺 点

（续）

优　点	缺　点

4. 与世界先进水平相比，我国制造业仍然大而不强，在自主创新能力、资源利用效率、产业结构水平、信息化程度、质量效益等方面差距明显，转型升级和跨越发展的任务紧迫而艰巨。请结合自己的专业及对气动控制系统的了解，谈谈在我国从制造大国向制造强国转变过程中，作为未来的机电专业技术人员，我们的责任是什么？

世界工业发展	我国工业发展	我们的责任

【知识链接】

在人类追求与自然界和平共处的时代，研究并大力发展气压传动，对于全球环境与资源保护有着相当特殊的意义。随着工业机械化和自动化的发展，气动技术越来越广泛地应用于各个领域。特别是成本低廉、结构简单的气动自动装置已得到了广泛的普及与应用，在工业企业自动化中具有非常重要的地位。

气压传动的应用历史非常悠久。早在公元前，埃及人就开始利用风箱产生压缩空气用于助燃。后来，人们懂得用空气作为工作介质传递动力做功，如古代利用自然风力推动风车、利用风能航海。从18世纪的第一次工业革命开始，气压传动逐渐被应用于各类行业中，如矿山用的风钻、火车的制动装置、汽车的自动开关门等。而气压传动应用于一般工业中的自动化、省力化则是近些年的事情。

随着科学技术的飞速发展，气动技术势必会得到迅猛发展。随着工业生产自动化程度越来越高，对自动化控制系统的可靠性、精确性要求也在不断提升，这些推动着气动技术的创新和发展。与20世纪末期以气动元件的标准化、模块化、集成化、小型化以及延长器件的寿命为气动技术的重点发展方向不同，如今，气动系统中的节约能量和使用气、电驱动组合的机电气一体化技术已经成为气动技术新的发展趋势。此外，系统化和诊断/监测功能也越来越受到重视。气动技术的这些发展趋势将在今后很长的时间里延续，气动技术已经成为工业自动化整体解决途径之一。

我国气动技术发展于20世纪80年代，经过40多年的发展与积累，气动元件行业规模在扩大的同时，气动元件的种类、质量及产业体系也不断增长和完善，现阶段，我国已成为全球最大的气动市场，占全球市场的比例超过三成。气动元件是实现生产控制、自动控制的重要手段之一，下游应用涉及半导体工程、新能源汽车、纺织、食品、生物医药、机器人、航空航天等多个领域。《中国制造 2025》中提出，坚持把可持续发展作为建设制造强国的重要着力点，加强节能环保技术、工艺、装备推广应用，全面推行清洁生产。发展循环经济，提高资源回收利用效率，构建绿色制造体系，走生态文明的发展道路。气动技术实现数字化转型，有助于缩短产品项目周期、降低运营成本、提高生产率、提升产品质量、降低资源能源消耗。这与当前我国以创新驱动为主题，以两化融合为发展主线，以智能制造为主攻方向，推进企业向数字化、网络化与智能化转型的国家战略，是完全匹配的。

学习任务二　气动元件认识与选用

工件运转装置回路系统由空气压缩机、气源处理装置、换向阀和气缸组成。本学习任务是认识这些气动元件，并完成换向阀和气缸的选择。

一、气源装置

气动系统中的气源装置是为气动系统提供满足一定质量要求的压缩空气，它是气动系统的重要组成部分。由空气压缩机产生的压缩空气，必须经过降温、净化、减压、稳压等一系列处理后，才能供给控制元件和执行元件使用。而用过的压缩空气排向大气时，会产生噪声，故应采取措施，降低噪声，改善劳动条件和环境质量。

1 气源装置的组成

对压缩空气的要求：

1）压缩空气应具有一定的压力和足够的流量。

2）压缩空气应有一定的清洁度和干燥度。混在压缩空气中的油蒸气可能聚集在储气罐、管道、气动系统的容器中，有引起爆炸的危险或影响设备的寿命。清洁度是指压缩空气中含油量、含灰尘杂质的量及颗粒的多少，含量越少，表示清洁度越高。干燥度是指压缩空气中含水量的多少，气动装置要求压缩空气的含水量越低越好。

压缩空气中含有的水分在一定的条件下会凝结成液态水，并聚集在个别管道中。在寒冷的冬季，凝结的水会使管道及附件结冰而损坏，影响气动装置的正常工作。压缩空气中的灰尘等杂质，对气动系统中做往复运动或转动的气动元件的运动副会产生研磨作用，使这些元件因漏气而降低效率，影响其使用寿命。因此气源装置需设置必要的除油、除水、除尘装置，并使压缩空气干燥，提高压缩空气质量。

二、压缩空气站

压缩空气站的设备一般包括空气压缩机和使气源净化的辅助设备，如图 1-1-4 所示。

1）空气压缩机 1，一般由电动机带动，其吸气口装有空气过滤器。

2）后冷却器 2，用以冷却压缩空气，使压缩空气中的水分凝结出来。

3）油水分离器 3，用以分离并排出降温冷却的水滴、油滴、杂质等。

4）储气罐 4，用以储存压缩空气，稳定压缩空气的压力，并除去部分油分和水分。

5）干燥器 5，用以进一步吸收或排除压缩空气中的水分和油分，使之成为干燥空气。

6）过滤器 6，用以进一步过滤压缩空气。

7）储气罐 4、7，储气罐 4 输出的压缩空气可用于一般要求的气压传动系统，储气罐 7 输出的压缩空气可用于要求较高的气动系统（如气动仪表等）。

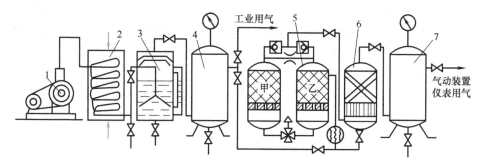

图 1-1-4　压缩空气站的设备组成

1—空气压缩机　2—后冷却器　3—油水分离器　4、7—储气罐

5—干燥器　6—过滤器

三、空气压缩机

1. 空气压缩机的分类

空气压缩机按工作原理可分为容积型压缩机和速度型压缩机。容积型压缩机的工作原理是压缩气体的体积，使单位体积内气体分子的密度增大以提高压缩空气的压力。速度型压缩机的工作原理是提高气体分子的运动速度，然后使气体的动能转化为压力能以提高压缩空气的压力。

2. 空气压缩机的工作原理

气压传动系统中最常用的空气压缩机是往复活塞式，其工作原理如图 1-1-5 所示。

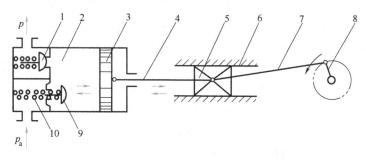

图 1-1-5　空气压缩机的工作原理

1—排气阀　2—气缸　3—活塞　4—活塞杆　5、6—十字头与滑道　7—连杆　8—曲柄

9—吸气阀　10—弹簧

当活塞 3 向右运动时，左腔压力低于大气压力，吸气阀 9 被打开，空气在大气压力作用下进入气缸 2 内，这个过程称为"吸气过程"。当活塞 3 向左移动时，吸气阀 9 在缸内压缩气体的作用下关闭，缸内气体被压缩，这个过程称为"压缩过程"。当气缸内空气压力增高到略高于输气管内压力后，排气阀 1 被打开，压缩空气进入输气管道，这个过程称为"排气过程"。

3. 空气压缩机的选用原则

选用空气压缩机需要考虑压力和流量两个参数。一般空气压缩机为中压空气压缩机，额定排气压力为 1MPa。另外还有低压空气压缩机，排气压力为 0.2MPa；高压空气压缩机，排气压力为 10MPa；超高压空气压缩机，排气压力为 100MPa。

四、气缸

3 气缸

1. 单作用气缸

单作用气缸只在活塞一侧可以通入压缩空气使其伸出或缩回，另一侧是通过呼吸孔开放在大气中的。这种气缸只能在一个方向上做功。活塞的反向动作则靠复位弹簧或施加外力来实现。由于压缩空气只能在一个方向上控制气缸活塞的运动，所以称为单作用气缸。

图 1-1-6 所示为单作用气缸的实物、结构图及其图形符号。

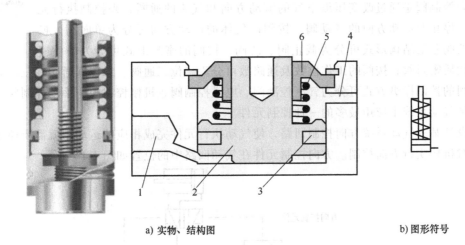

a) 实物、结构图　　　　　　　　　　b) 图形符号

图 1-1-6　单作用气缸

1—进、排气口　2—活塞　3—活塞密封圈　4—呼吸口　5—复位弹簧　6—活塞杆

单作用气缸的特点：

1）由于单边进气，因此结构简单，耗气量小。

2）缸内安装了弹簧，增加了气缸长度，缩短了气缸的有效行程，其行程受弹簧长度限制。

3）借助弹簧力复位，使压缩空气的能量有一部分用来克服弹簧力，减小了活塞杆的输出力，而且输出力的大小和活塞杆的运动速度在整个行程中随弹簧变形而变化。

2. 双作用气缸

双作用气缸活塞的往返运动是依靠压缩空气在缸内被活塞分隔开的两个腔室（有杆腔、无杆腔）交替进入和排出来实现的，压缩空气可以在两个方向上做功。由于气缸活塞的往返运动全部靠压缩空气来完成，所以称为双作用气缸。

图 1-1-7 所示为双作用气缸的结构图及其图形符号。

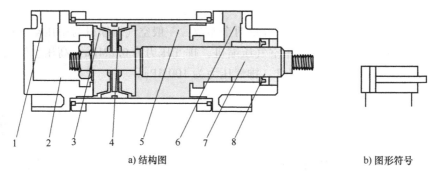

a) 结构图   b) 图形符号

图 1-1-7　双作用气缸

1、6—进、排气口　2—进、排气腔　3—活塞　4—活塞密封圈　5—气缸缸筒　7—活塞杆　8—防尘圈

五、方向控制阀

4 气动方向
控制阀

　　方向控制阀是通过改变压缩空气的流动方向和气流的通断，来控制执行元件起动、停止及运动方向的气动阀。按阀内气体的流动方向可分为单向阀、换向阀；按阀芯的结构形式可分为截止阀、滑阀；按阀的密封形式可分为硬质密封阀、软质密封阀；按阀的工作位数及通路数可分为二位三通阀、二位五通阀、三位五通阀等；按阀的控制操纵方式可分为气压控制阀、电磁控制阀、机械控制阀、手动控制阀。方向控制阀是气动系统中应用最多的一种控制元件。

　　要设计某一气动系统方向控制回路，使气动执行元件完成相应的运动，就需要使用方向控制阀对机构实行方向控制。方向控制元件在气动回路中的位置如图 1-1-8 所示。

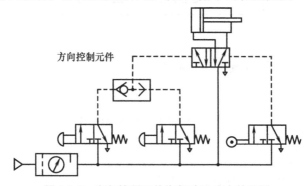

图 1-1-8　方向控制元件在气动回路中的位置

1. 方向控制阀的图形符号定义（图 1-1-9）

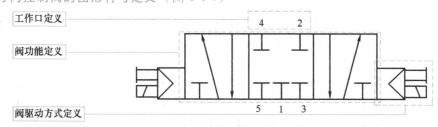

图 1-1-9　方向控制阀的图形符号定义

1—进气口　2、4—工作口　3、5—排气口

2. 方向控制阀的工作口定义（图 1-1-10）

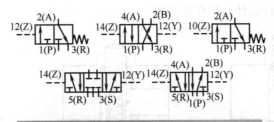

图 1-1-10　方向控制阀的工作口定义

P（1）—进气口　A、B（2、4）—工作口　R、S（3、5）—排气口　Y、Z（10、12、14）—控制口

3. 方向控制阀的功能定义（表 1-1-1）

表 1-1-1　方向控制阀的功能定义

功能	图形符号	功能	图形符号
二位二通		三位五通中压	
二位三通		三位五通中泄	
二位五通		三位五通中封	

4. 换向阀

换向阀按操控方式分，主要有人力操纵换向阀、机械操纵换向阀、气压操纵换向阀和电磁操纵换向阀四类。

（1）人力操纵换向阀　依靠人力对阀芯位置进行切换的换向阀称为人力操纵换向阀，简称人控阀。人控阀又可分为手动阀和脚踏阀两大类。常用的按钮式人力操纵二位三通换向阀的工作原理及图形符号如图 1-1-11 所示。人控阀常用操控机构如图 1-1-12 所示。

人力操纵换向阀与其他控制方式相比，使用频率较低，动作速度较慢。因

5 人力控制换向阀

操纵力不宜太大，所以阀的通径较小，操作也比较灵活。在直接控制回路中，人力操纵换向阀用来直接操纵气动执行元件，用作信号阀。

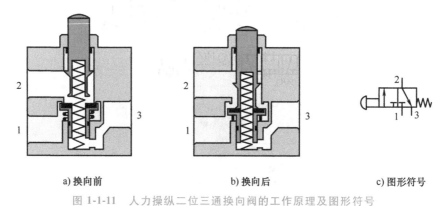

a) 换向前　　　　　　　　　　b) 换向后　　　　　　　　c) 图形符号

图 1-1-11　人力操纵二位三通换向阀的工作原理及图形符号

a) 按钮式　　　　　　　　b) 定位开关式　　　　　　　c) 脚踏式

图 1-1-12　人控阀常用操控机构

（2）机械操纵换向阀　机械操纵换向阀是利用安装在工作台上凸轮、撞块或其他机械外力来推动阀芯动作实现换向的换向阀。由于它主要用来控制和检测机械运动部件的行程，所以一般也称为行程阀。

行程阀常见的操控方式有顶杆式、滚轮式、单向滚轮式（图 1-1-13）等，其换向原理与人力操纵换向阀类似。

（3）气压操纵换向阀　气压操纵换向阀是利用气压力来实现换向的，简称气控阀。根据控制方式的不同，可分为加压控制、卸压控制和差压控制三种。加压控制是指控制信号的压力上升到阀芯动作压力时，主阀换向，是最常用的控制方式；卸压控制是指所加的气压控制信号减小到某一压力值时阀芯动作，主阀换向；差压控制

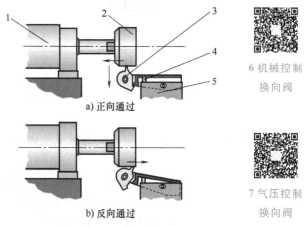

a) 正向通过

b) 反向通过

图 1-1-13　单向滚轮式行程阀的工作原理

1—气缸　2—凸块　3—滚轮

4—阀杆　5—行程阀阀体

6 机械控制
换向阀

7 气压控制
换向阀

是利用换向阀两端气压有效作用面积的不等，使阀芯两侧产生压力差来使阀芯动作实现换向的。

图 1-1-14 所示为单端气控弹簧复位二位三通换向阀的工作原理及图形符号：换向前，气控口 12 的压力小于阀芯动作压力，1 口截止，2 口和 3 口导通；换向后，气控口 12 的压力大于阀芯动作压力，主阀换向，1 口和 2 口导通，3 口截止。

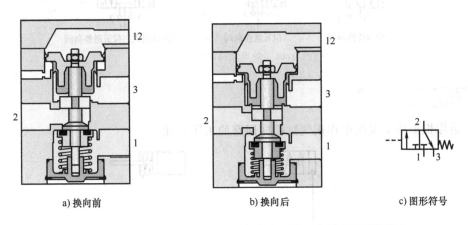

a) 换向前　　　　　　　　b) 换向后　　　　　　　　c) 图形符号

图 1-1-14　单端气控弹簧复位二位三通换向阀的工作原理及图形符号

图 1-1-15 所示为双端气控二位五通换向阀的工作原理及图形符号，当气控口 12 的压力上升到阀芯动作压力时，主阀换向，阀芯处于左位，1 口和 2 口导通，4 口和 5 口导通，3 口截止；当气控口 14 的压力上升到阀芯动作压力时，主阀换向，阀芯处于右位，2 口和 3 口导通，1 口和 4 口导通，5 口截止。

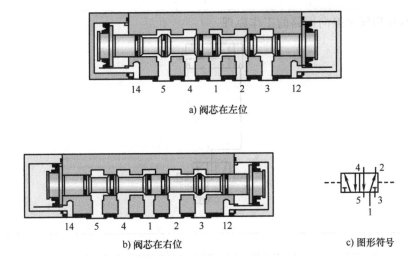

a) 阀芯在左位

b) 阀芯在右位　　　　　　　　c) 图形符号

图 1-1-15　双端气控二位五通换向阀的工作原理及图形符号

综上所述，常用换向阀的图形符号如图 1-1-16 所示。

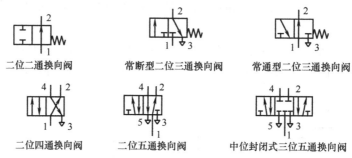

二位二通换向阀　　　常断型二位三通换向阀　　　常通型二位三通换向阀

二位四通换向阀　　　二位五通换向阀　　　中位封闭式三位五通换向阀

图 1-1-16　常用换向阀的图形符号

【课堂工作页】

1. 请你根据所学说明单作用气缸换向回路的工作原理。

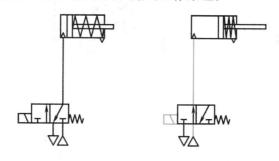

_____

_____

_____

_____

2. 说明双作用气缸换向回路的工作原理。

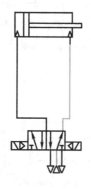

_____

_____

_____

_____

3. 根据工件运转装置的气动控制功能要求，选择_____气缸。选择的理由是：

_____

4. 请你根据所学，并查阅气动相关标准，补充画出换向阀的标准图形符号。

名称	图形符号	说　明
二位二通换向阀		常通型
	A ↑ ↑ ⊤ P	常断型
二位三通换向阀		常断型
	A ⊤ ↑ / ⊤ R　P	常通型
二位四通换向阀		具有两个工作位置，一个进气口，两个出气口，一个排气口，用于双作用气缸
二位五通换向阀		具有两个工作位置，两个排气口，用于双作用气缸

5. 在工件运转装置气动回路中，选用的是＿＿＿＿＿＿＿＿＿换向阀，选择的理由是：

＿＿＿

＿＿＿

＿＿＿

6. 请你查询气动元件图形符号相关标准，结合自己的学习，分析一下作为技术人员严格遵守标准的重要性。

＿＿＿

＿＿＿

＿＿＿

＿＿＿

【知识链接】

至今为止，与气动技术有关的（不包括液压与气动通用的和其他行业合用的）现行 ISO 国际标准有 36 个。其中涉及气动产品技术要求的有气动系统、过滤器、油雾器、调压阀、快换式管接头、插入式管接头、气缸和气口等。以上产品除气缸外，另外几类气动元件和气口都要求对额定压力进行验证，验证的试验压力为额定压力的 4~5 倍。对气动系统要求，在 ISO 4414：1998 中，反复强调了安全设计和操作。而近期正在修订的草案中，将原标准中有关安全要求的附录订入了正式文本，更加突出了气动系统的安全性。由此可见，ISO 气动标准十分重视产品的安全性。

我国第一个液压专业国家标准 GB 786—1965《液压系统图形符号》于 1965 年发布。1979 年，全国液压气动标准化技术委员会成立，专门负责液压气动行业的标准化工作。现阶段，随着气动技术的发展，我国已经形成了基本的行业化标准体系，该体系逐渐和国际标准接轨。为了进一步推进气动技术行业标准化的发展，我国国内的科研基地和企业都在积极地投入到气动技术行业的标准化修订过程中。目前，我国的液压与气动标准一共有141项，其中与气动相关的标准有48项。在这48项气动标准中，国家标准26项、行业标准22项、等同采用国际标准4项、等效或修改采用国际标准4项、非等效采用国际标准15项。大多数产品在设计、制造过程中，都可以依据相关的标准，这些标准已经基本满足了企业的产品生产、新品开发和市场的需要。

液压与气动技术国内标准见表1-1-2。

表1-1-2　液压与气动技术国内标准

编　号	名　称	编　号	名　称
GB/T 786.1—2021	流体传动系统及元件　图形符号和回路图　第1部分:图形符号	GB/T 14514—2013	气动管接头试验方法
GB/T 2346—2003	流体传动系统及元件　公称压力系列	GB/T 17446—2012	流体传动系统及元件　词汇
GB/T 2348—1993	流体传动系统及元件　缸径及活塞杆直径	GB/T 20081.1—2021	气动　减压阀和过滤减压阀　第1部分:商务文件中应包含的主要特性和产品标识要求
GB 2349—1980	液压气动系统及元件　缸活塞行程系列	GB/T 20081.2—2021	气动　减压阀和过滤减压阀　第2部分:评定商务文件中应包含的主要特性的试验方法
GB/T 2350—2020	流体传动系统及元件　活塞杆螺纹型式和尺寸系列	JB/T 5923—2013	气动　气缸技术条件
GB/T 2351—2021	流体传动系统及元件　硬管外径和软管内径	JB/T 5967—2007	气动件及系统用空气介质质量等级
GB/T 3452.1—2005	液压气动用O形橡胶密封圈　第1部分:尺寸系列及公差	JB/T 6378—2008	气动换向阀技术条件
GB/T 3452.2—2007	液压气动用O形橡胶密封圈　第2部分:外观质量检验规范	JB/T 6656—1993	气缸用密封圈安装沟槽型式、尺寸和公差
GB/T 3452.3—2005	液压气动用O形橡胶密封圈　沟槽尺寸	JB/T 6657—1993	气缸用密封圈尺寸系列和公差
GB/T 7932—2007	气动　对系统及其元件的一般规则和安全要求	JB/T 6657—2007	气动用O形橡胶密封圈　沟槽尺寸和公差
GB/T 7937—2008	液压气动管接头及其相关件公称压力系列	JB/T 6659—2007	气动用O形胶密封圈　尺寸系列和公差
GB/T 7940.1—2008	气动　五气口方向控制阀　第1部分:不带电气接头的安装面	JB/T 6660—1993	气动用橡胶密封圈　通用技术条件
GB/T 7940.2—2008	气动　五气口方向控制阀　第2部分:带可选电气接头的安装面	JB/T 7056—2008	气动管接头　通用技术条件

（续）

编　号	名　　称	编　号	名　　称
GB/T 8102—2020	气动　缸径 8mm 至 25mm 的单杆气缸　安装尺寸	JB/T 7057—2008	调速式气动管接头　技术条件
GB/T 9094—2020	流体传动系统及元件　缸安装尺寸和安装型式代号	JB/T 7373—2008	齿轮齿条摆动气缸
GB/T 14038—2008	气动连接　气口和螺柱端	JB/T 7374—2015	气动空气过滤器　技术条件
GB/T 14513.1—2017	气动　使用可压缩流体元件的流量特性测定　第 1 部分:稳态流动的一般规则和试验方法	JB/T 7375—2013	气动油雾器技术条件
GB/T 14513.2—2019	气动　使用可压缩流体元件的流量特性测定　第 2 部分:可代替的测试方法	JB/T 7377—2007	缸内径 32~250mm 整体式安装单杆气缸　安装尺寸
GB/T 14513.3—2020	气动　使用可压缩流体元件的流量特性测定　第 3 部分:系统稳态流量特性的计算方法	JB/T 8884—2013	气动元件产品型号编制方法

学习任务三　工件运转装置气动回路识读

【课堂工作页】

1. 请你对图 1-1-1 所示工件运转装置气动回路进行工作分析:

1) 初始位:二位五通换向阀阀芯处于右位,双作用气缸处于缩回位置。

2) 按下手控二位五通换向阀的按钮,阀芯换位,气压源产生的压缩空气经过_____,通过换向阀左位的_____口与_____口,压缩空气进入气缸的_____侧,推动活塞向_____移动,带动工作台_____。

3) 松开手控二位五通换向阀的按钮,阀芯换位,气压源产生的压缩空气经过_____,通过换向阀右位的 1 口与_____口,压缩空气进入气缸的_____侧,推动活塞向_____移动,带动工作台_____。

2. 回路中的气源处理装置是由空气减压阀和过滤器无管连接成的组件。气源处理装置是多数气动系统中不可缺少的装置,安装在用气设备附近,是压缩空气质量的最后保证。

减压阀可对气源进行稳压,使气源压力处于恒定状态,不会对增压类产品造成损伤(驱动气压应≤0.83MPa),可减小因气压源气压突变时对气动增压泵或增压设备的损伤。过滤器用于对压缩空气的清洁,可过滤压缩空气中的水分,避免水分随气体进入气动增压泵内部造成气动增压泵寿命下降。

1) 请观察下图所示气源处理装置实物图及相应部件名称,在实物图上标出相应部件名称。

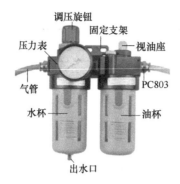

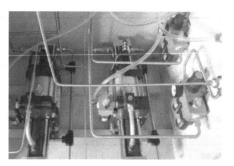

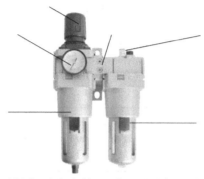

2）请你思考一下，本学习任务回路中是否可以不用气源处理装置？简单说明原因。

_____

_____

_____

3. 请你思考一下，此回路中是否可以使用二位二通换向阀？并说出原因。

_____

_____

_____

4. 请你完成工件运转装置气动回路的抄绘。

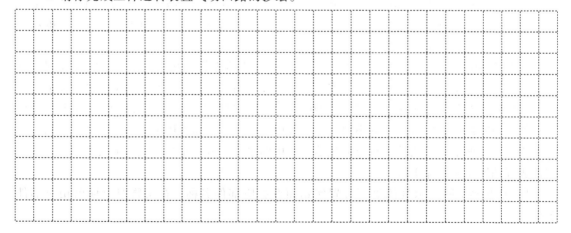

学习任务四　工件运转装置气动回路装调

【课堂工作页】

1. 请根据指导教师的示范及现场提供的资料、气管及气动元件，识读、连接气路，正确组装和调试设备。

请你根据气动回路，正确选择气动元件，按下列步骤完成调试（完成相关步骤后，请核实并在"检查结果"列标注"√"）。

序号	检查要点	气动元器件	检查结果
1	气泵电源是否正确连接、电源是否开启	气泵插头、气泵电源开关	
2	气泵是否正常供气	压力表	
3	气源处理装置气源开关是否关闭	气源开关	
4	气源处理装置是否正确选择分路管接头	管接头	
5	控制阀是否正确选择及安装	二位三通阀	
6	执行气缸是否正确选择及安装	单作用气缸	
7	安装完毕是否请指导教师检查	气路连接	
8	是否开启气源处理装置气源开关	气源开关	
9	是否正确组装和调试设备	功能结果	

完成以上任务后，请与指导教师交流。

2. 正确完成工件运转装置气动回路装调后，请进行工位的整理。完成相关步骤后，请在前面方框内标注"√"。

　□ 关闭气源处理装置气源开关。

　□ 拔出所用气管，并放置在规定位置。

　□ 整理所用气动元件，并放置在规定位置。

　□ 实验桌椅摆放到位。

3. 完成本学习任务后，请你完成以下问题：

在回路装调过程中，你遇到了哪些问题？你是如何解决的？

问题描述	解决方法

压盖装置气动回路的设计与装调

【知识要求】

1）了解压力控制阀的基础原理。

2）了解不同压力控制阀的工作原理及图形符号。

3）了解压力控制回路的类型和应用。

【能力要求】

1）具备正确选用压力阀的能力。

2）能根据图形符号正确判断元件。

3）具备根据任务要求，设计和调试简单压力控制回路的能力。

【素质要求】

1）遵守现场操作的职业规范，具备安全、整洁、规范实施工作任务的能力。

2）培养探索创新的精神。

3）培养严谨认真、一丝不苟的工作态度。

4）培养自主探究、自主学习的能力。

【项目情境描述】

某面包生产公司，在其生产线上，要求自动化面包机自动在面包坯表面涂黄油。在这个过程中，自动化面包机需要完成压盖合上或抬起的动作。自动化面包机采用气动传动控制，是由气动传动技术的特点决定的。气动传动系统使用压缩空气作为工作介质，不污染环境，适用于现代食品生产机械。

本项目以面包机压盖装置气动控制系统为例，请你通过对气动系统传动原理的分析、气动回路的识读，完成压盖装置的气动元件选择，并完成气动回路的搭建和

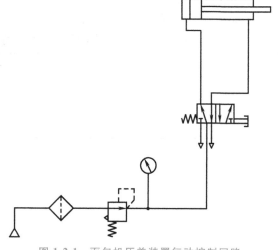

图 1-2-1　面包机压盖装置气动控制回路

调试。面包机压盖装置气动控制回路如图 1-2-1 所示。

安全事项：

为了避免在项目实施过程中引起人员受伤和设备损坏，请遵守以下内容：

1）元件要轻拿轻放，不能掉下，以防伤人。注意：毛刺、沾油元件容易脱手。

2）元件连接要确保可靠。

3）回路搭建完成，须经指导教师确认无误后，方可起动回路。

4）不要在实验台上放置无关物品。

5）安全用电，保证在断电情况下插线、拔线。

学习任务一　气动元件认识与选用

一、气动辅助元件——过滤器

8 空气干燥器、过滤器

过滤器的作用是滤除压缩空气中的杂质。常用的过滤器有一次过滤器（也称简易过滤器，滤灰效率为 50% ~ 70%）、二次过滤器（滤灰效率为 70% ~ 99%）。在要求高的特殊场合，还可使用高效率的过滤器。

1. 一次过滤器

图 1-2-2 所示为一次过滤器，气流由切线方向进入筒内，在离心力的作用下分离出液滴，然后气体由下而上通过多片钢板、毛毡、硅胶、焦炭、滤网等过滤吸附材料，干燥清洁的空气从筒顶输出。

2. 分水滤气器

分水滤气器滤灰能力较强，属于二次过滤器，如图 1-2-3 所示。分水滤气器和减压阀、油雾器一起称为气源处理装置，是气动系统不可缺少的辅助元件。

分水滤气器的工作过程：空气进入后，被引入旋风叶子 1，旋风叶子上有很多小缺口，使空气沿切线反向产生强烈的旋转，这样夹杂在气体中的较大水滴、油滴、灰尘便获得较大的离心力，并高速与存水杯 3 内壁碰撞，而从气体中分离出来，沉淀于存水杯 3 中，然后气体通过中间的滤芯 2，部分灰尘、雾状水被滤芯 2 拦截而滤去，洁净的空气便从输出口输出。

存水杯由透明材料制成，便于观察工作情况、污水情况和滤芯污染情况。滤芯一般采用铜粒烧结而成。若发现油泥过多，可采用乙醇溶液清洗，干燥后再装上，可继续使用。但是这种过滤器只能滤除固体和液体杂质，因此，使用时应尽可能装在能使空气中的水分变成液态的部位或防止液体进入的部位，如气动设备的气源入口处。

二、压力控制阀

在气动传动系统中，气动控制元件是控制和调节压缩空气的压力、流量和方向的各类控制阀，其作用是保证气动执行元件（如气缸、气马达等）按设计的程序正常地进行工作。气动控制阀按作用可分为压力控制阀、流量控制阀和方向控制阀。

1. 压力控制阀的作用及分类

气动系统不同于液压系统，一般每一个液压系统都自带液压源（液压泵）；而在气动系

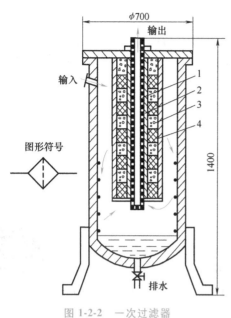

图 1-2-2　一次过滤器

1—φ10mm 密孔网　2—280 目细铜丝网
3—焦炭　4—硅胶

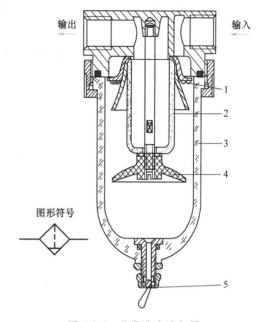

图 1-2-3　普通分水滤气器

1—旋风叶子　2—滤芯　3—存水杯　4—挡水板
5—手动排水阀

统中，一般来说由空气压缩机先将空气压缩，储存在储气罐内，然后经管路输送给各个气动装置使用。而储气罐的空气压力往往比各台设备实际所需要的压力高些，同时其压力波动值也较大。因此需要用减压阀（调压阀）将其压力降低到每台设备所需的压力，并使减压后的压力稳定在所需压力值上。

有些气动回路需要依靠回路中压力变化实现控制两个执行元件的顺序动作，所用的这种阀称为顺序阀；顺序阀与单向阀的组合称为单向顺序阀。气动回路或储气罐为了保证安全，当压力超过允许压力值时，需要通过压力控制阀实现自动向外排气，这种压力控制阀称为安全阀（溢流阀）。

2. 减压阀（调压阀）

QTY 型减压阀如图 1-2-4 所示，当阀处于工作状态时，调节手柄 1，压缩调压弹簧 2、3 及膜片 5，通过阀杆 6 使阀芯 8 下移，进气阀口被打开，压缩空气从左端输入，经阀口节流减压后从右端输出。输出气流的一部分由阻尼管 7 进入膜片气室，在膜片 5 的下方产生一个向上的推力，这个推力总是趋向于把阀口开度关小，使其输出压力下降。

9 减压阀

当输入压力发生波动时，如输入压力瞬时升高，输出压力随之升高，作用于膜片 5 上的气体推力也随之增大，破坏了原来的力的平衡，使膜片 5 向上移动，有少量气体经溢流口 4、排气孔 11 排出。在膜片上移的同时，因回位弹簧 10 的作用，使输出压力下降，直到新的平衡为止。重新平衡后的输出压力又基本上恢复至原值。

调节手柄 1 使调压弹簧 2、3 恢复自由状态，输出压力降至零，阀芯 8 在回位弹簧 10 的作用下关闭进气阀口。这样，减压阀便处于截止状态，无气流输出。

　　QTY 型直动式减压阀的调压范围为 0.05~0.63MPa。为限制气体流过减压阀所造成的压力损失，规定气体通过阀内通道的流速在 15~25m/s 范围内。

　　安装减压阀时，要按气流的方向和减压阀上所示的箭头方向，依照分水滤气器、减压阀、油雾器的安装次序进行安装。调压时应由低向高调，直至规定的调压值为止。阀不用时应把手柄放松，以免膜片经常受压变形。

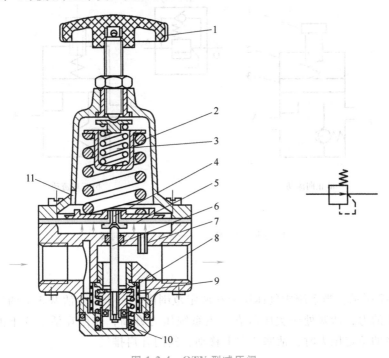

图 1-2-4　QTY 型减压阀

1—手柄　2、3—调压弹簧　4—溢流口　5—膜片　6—阀杆　7—阻尼管
8—阀芯　9—阀口　10—回位弹簧　11—排气孔

3. 顺序阀

　　顺序阀是依靠气路中压力的作用而控制执行元件按顺序动作的压力控制阀，它根据弹簧的预压缩量来控制其开启压力。如图 1-2-5 所示，当输入压力达到或超过开启压力时，活塞顶开弹簧，于是 P 口到 A 口才有输出，反之 A 口无输出。

10 顺序阀

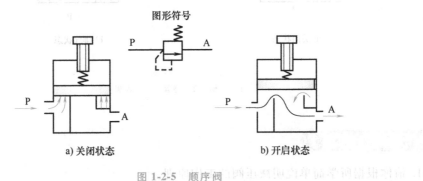

图形符号

a) 关闭状态　　　　　b) 开启状态

图 1-2-5　顺序阀

　　顺序阀很少单独使用，往往与单向阀配合在一起，构成单向顺序阀。如图 1-2-6 所示，当压缩空气由左端进入阀腔后，作用于活塞 3 上的气压力超过压缩弹簧 2 的预定压力时，将活塞顶起，压缩空气从 P 口经 A 口输出，此时单向阀 4 关闭。反向流动时，输入侧变成排气口，输出侧压力将顶开单向阀 4 由 O 口排气。

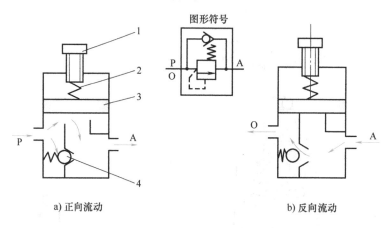

a) 正向流动　　　　　　　　　　　　　　b) 反向流动

图 1-2-6　单向顺序阀
1—手柄　2—弹簧　3—活塞　4—单向阀

4. 安全阀

　　如图 1-2-7 所示，当系统中气体压力在调定范围内时，作用在活塞 3 上的压力小于弹簧 2 的力，活塞处于关闭状态。当系统压力升高，作用在活塞 3 上的压力大于弹簧的预定压力时，活塞 3 向上移动，阀门开启排气。

11 溢流阀

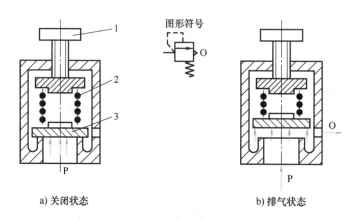

a) 关闭状态　　　　　　　　　　　　　　b) 排气状态

图 1-2-7　安全阀
1—手柄　2—弹簧　3—活塞

【课堂工作页】

1. 请你根据所学简单说明减压阀的工作原理。

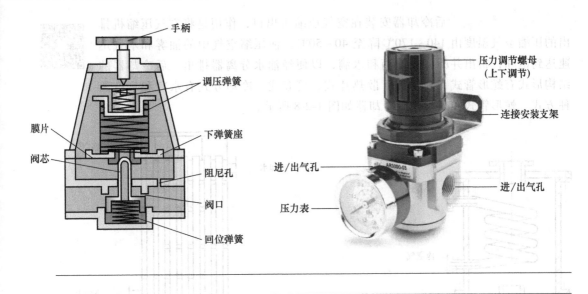

手柄

调压弹簧

膜片

阀芯

下弹簧座

阻尼孔

阀口

回位弹簧

压力调节螺母
（上下调节）

连接安装支架

进/出气孔

进/出气孔

压力表

2. 请在下表中分别画出顺序阀和单向顺序阀对应的图形符号，并说明顺序阀与单向顺序阀的使用区别。

类　别	顺　序　阀	单向顺序阀
图形符号		
使用区别		

3. 请你根据所学，在下表中分别写出减压阀、顺序阀、安全阀的图形符号对应的控制阀名称，并分析三种控制阀的区别。

图形符号	P——O	P——A	
对应控制阀名称			
控制阀的区别			

4. 思考本项目的气动回路该选用哪种换向阀？并说明理由。

请给出你的选择	
请说明你的选择理由	

【知识链接】

1. 气源净化装置

压缩空气净化装置一般包括后冷却器、油水分离器、储气罐、干燥器、过滤器等。

（1）后冷却器　后冷却器安装在空气压缩机出口，作用是将空气压缩机排出的压缩空气温度由 140～170℃ 降至 40～50℃，使压缩空气中的油雾和水气迅速达到饱和，析出并凝结成油滴和水滴，以便经油水分离器排出。后冷却器的结构形式有蛇形管式、列管式、散热片式、管套式。冷却方式有水冷和气冷两种方式。蛇形管式和列管式后冷却器如图 1-2-8 所示。

12 后冷却器

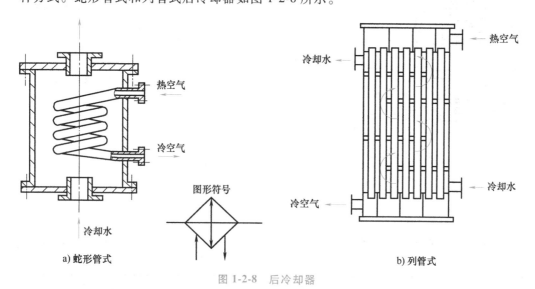

a) 蛇形管式　　　　　　　　　　　　　　　　b) 列管式

图 1-2-8　后冷却器

（2）油水分离器　油水分离器安装在后冷却器出口，作用是分离并排出压缩空气中凝聚的油分、水分等，使压缩空气得到初步净化。油水分离器的结构形式有环形回转式、撞击折回式、离心旋转式、水浴式以及以上形式的组合使用等。图 1-2-9 所示为撞击折回并回转式油水分离器。它的工作原理是：当压缩空气由入口进入分离器壳体后，气流先受到隔板阻挡而被撞击折回向下（见图 1-2-9 中箭头所示流向）；之后又上升产生环形回转。这样凝聚在压缩空气中的油滴、水滴等杂质受惯性力作用而分离析出，沉降于壳体底部，由放水阀定期排出。

13 油水分离器、储气罐

（3）储气罐　储气罐一般采用焊接结构，如图 1-2-10 所示。

储气罐的作用如下：

1）储存一定数量的压缩空气，以备发生故障或临时需要时作为应急气源使用。

2）消除由于空气压缩机断续排气而引起的压力脉动，保证输出气流的连续性和平稳性。

3）进一步分离压缩空气中的油、水等杂质。

（4）干燥器　经过后冷却器、油水分离器和储气罐后得到初步净化的压缩空气，已能够满足一般气压传动的需要。但压缩空气中仍含一定量的油、水以及少量的粉尘。如果用于精密的气动装置、气动仪表等，上述压缩空气还必须进行干燥处理。

压缩空气的干燥处理主要采用吸附法和冷却法。

1）吸附法是利用具有吸附性能的吸附剂（如硅胶、铝胶等）来吸附压缩空气中含有的水分，使其干燥。

2）冷却法是利用制冷设备使空气冷却到一定的露点温度，析出空气中超过饱和水蒸气部分的多余水分，从而达到所需的干燥度。

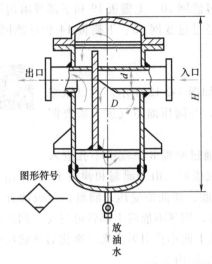

出口　入口

图形符号

放油水

图 1-2-9　撞击折回并回转式油水分离器

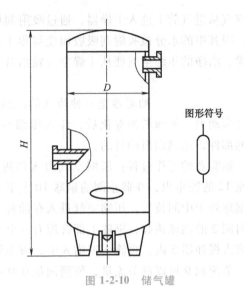

图形符号

图 1-2-10　储气罐

吸附式干燥器外壳呈筒形，如图 1-2-11 所示。其中分层设置栅板、吸附剂、滤网等。

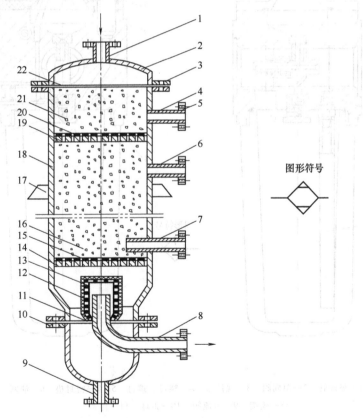

图形符号

图 1-2-11　吸附式干燥器

1—湿空气进气管　2—顶盖　3、5、10—法兰　4、6—再生空气排气管　7—再生空气进气管
8—干燥空气输出管　9—排水管　11、22—密封垫　12、15、20—过滤网　13—毛毡
14—下栅板　16、21—吸附剂层　17—支承板　18—筒体　19—上栅板

湿空气从进气管 1 进入干燥器，通过吸附剂层 21、过滤网 20、上栅板 19 和下部吸附剂层 16 后，因其中的水分被吸附剂吸收而变得很干燥。再经过过滤网 15、下栅板 14 和过滤网 12，干燥、洁净的压缩空气便从干燥空气输出管 8 排出。

2. 其他辅助元件

（1）油雾器　油雾器是一种特殊的注油装置，如图 1-2-12 所示。它以压缩空气为动力，使润滑油雾化后，注入压缩空气流中，并随压缩空气进入需要润滑的部件，达到润滑的目的。

14 分水过滤器、油雾器

油雾器的工作过程：压缩空气由入口进入后，通过喷嘴 8 下端的小孔进入阀座 12 的腔室内，在截止阀的钢球 10 上下表面形成压差，由于泄漏和弹簧 11 的作用，而使钢球处于中间位置，压缩空气进入存油杯 13 的上腔，使油面受压，润滑油经吸油管 1 将单向阀 2 的钢球顶起，钢球上部管道有一个方形小孔，钢球不能将上部管道封死，润滑油不断流入视油器 3 内，再滴入喷嘴 8 中，被主管气流从上面小孔引射出来，雾化后从输出口输出。节流阀 9 可以调节流量，使滴油量在 0~120 滴/min 内变化。

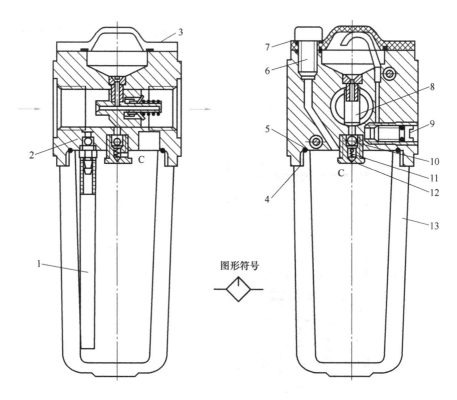

图 1-2-12　普通油雾器（一次油雾器）

1—吸油管　2—单向阀　3—视油器　4—螺母、螺钉　5、7—密封垫　6—油塞
8—喷嘴　9—节流阀　10—钢球　11—弹簧
12—阀座　13—存油杯

二次油雾器能使油滴在雾化器内进行两次雾化，使油雾粒度更小、更均匀，输送距离更远。二次雾化粒径可达 5μm。油雾器的选择主要是根据气动传动系统所需额定流量及油雾

粒径大小来进行。所需油雾粒径在 $50\mu m$ 左右时，可选用一次油雾器。若所需油雾粒径小于 $50\mu m$，可选用二次油雾器。油雾器一般应配置在过滤器和减压阀之后，用气设备之前较近处。

（2）消声器　在气压传动系统中，气缸、气阀等元件工作时，排气速度较高，气体体积急剧膨胀，会产生刺耳的噪声。噪声的强弱随排气的速度、排量和空气通道的形状而变化。排气的速度和功率越大，噪声也越大，一般可达 $100\sim120dB$，为了降低噪声可以在排气口装消声器。消声器是通过阻尼或增加排气面积来降低排气速度和功率，从而降低噪声的。

15 消声器、
管道系统

气动元件使用的消声器一般有三种类型：吸收型消声器、膨胀干涉型消声器和膨胀干涉吸收型消声器。

吸收型消声器主要依靠吸声材料消声，如图 1-2-13 所示。消声罩 2 为多孔的吸声材料。一般用聚苯乙烯或铜珠烧结而成。当消声器的通径小于 20mm 时，多用聚苯乙烯作消声材料制成消声罩；当消声器的通径大于 20mm 时，消声罩多用铜珠烧结，以增加强度。其消声原理是：当有压气体通过消声罩时，气流受到阻力，声能量被部分吸收而转化成热能，从而降低了噪声强度。

吸收型消声器的结构简单，具有良好的消除中、高频噪声的性能，消声效果大于 20dB。在气动传动系统中，排气噪声主要是中、高频噪声，尤其是高频噪声，所以采用这种消声器是合适的。在主要是中低频噪声的场合，应使用膨胀干涉型消声器。

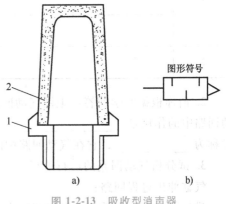

图形符号

图 1-2-13　吸收型消声器
1—连接螺钉　2—消声罩

（3）管道连接件　管道连接件包括管子和各种管接头。有了管子和各种管接头，才能把气动控制元件、气动执行元件以及辅助元件等连接成一个完整的气动控制系统。因此，在实际应用中，管道连接件是不可缺少的。

管子可分为硬管和软管两种。如总气管和支气管等一些固定不动的、不需要经常装拆的地方使用硬管；连接运动部件、临时使用、希望装拆方便的管路应使用软管。硬管有铁管、铜管、黄铜管、纯铜管和硬塑料管等；软管有塑料管、尼龙管、橡胶管、金属编织塑料管以及挠性金属导管等。常用的是纯铜管和尼龙管。

气动系统中使用的管接头的结构及工作原理与液压管接头基本相似，分为卡套式、扩口螺纹式、卡箍式、插入快换式等。

学习任务二　压盖装置气动回路识读

【课堂工作页】

1. 请你根据所学，写出图中六个元件符号对应的元件名称。

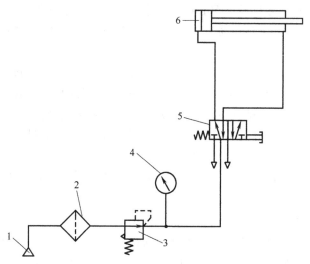

序号	元件名称	序号	元件名称
1		4	
2		5	
3		6	

2. 请你根据所学回答：上图气动回路中的过滤器，又称为_____，它在气动回路中的作用是_____；减压阀又称为_____，它在气动回路中的作用是_____。

3. 试分析气动回路的运行过程。

气缸伸出过程回路：

进气路：工作介质从 1 号气源出来后→2 号_____→3 号→5 号_____换向阀的____位（描述清楚具体经过什么换向阀的哪一位）_____（执行元件左腔还是右腔）。

回路：6 号气缸____位→5 号_____排入大气。

气缸缩回过程回路：

进气路：

_____

_____

_____

回路：

_____

_____

_____

4. 请你完成气动回路的抄绘（注意将回路中的减压阀和过滤器用气源处理装置图形符号替代）。

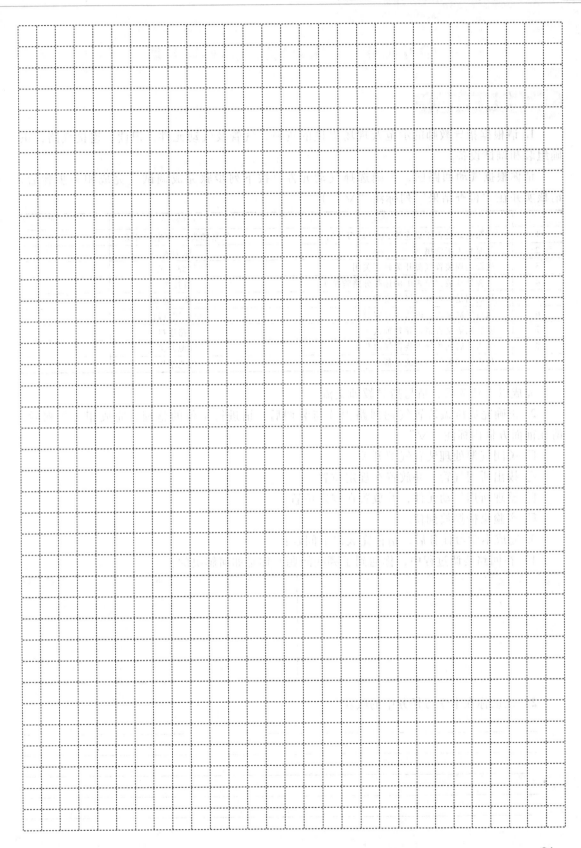

学习任务三　压盖装置气动回路装调

【课堂工作页】

1. 请根据指导教师的示范及现场提供的资料、气管及气动元件，识读、连接气路，正确组装和调试设备。

请你根据气动回路图，正确选择气动元件，按下列步骤完成调试（完成相关步骤后，请核实并在"检查结果"列标注"√"）。

序号	检查要点	所用气动元器件	检查结果
1	气泵电源是否正确连接、电源是否开启	气泵插头、气泵电源开关	
2	气泵是否正常供气	压力表	
3	气源处理装置气源开关是否关闭	气源开关	
4	气源处理装置是否正确选择分路管接头	管接头	
5	控制阀是否正确选择及安装	二位三通阀	
6	执行气缸是否正确选择及安装	单作用气缸	
7	安装完毕是否请指导教师检查	气路连接	
8	是否开启气源处理装置气源开关	气源开关	
9	是否正确组装和调试设备	功能结果	

完成以上任务后，请与指导教师交流。

2. 正确完成压盖装置气动回路识读与装调后，请进行工位的整理。完成相关步骤后，请在前面方框内标注"√"。

□ 关闭气源处理装置气源开关。

□ 拔出所用气管，并放置在规定位置。

□ 整理所用气动元件，并放置在规定位置。

□ 实验桌椅摆放到位。

3. 完成本学习任务后，请你完成以下问题：

1）在回路装调过程中，你遇到了哪些问题？你是如何解决的？

问题描述	解决方法

2）谈谈你在本学习任务中的收获。

项目三

料仓卸料装置气动回路的设计与装调

【知识要求】

1）熟悉流量控制阀的功能、组成与图形符号。
2）掌握速度控制回路的工作原理及其应用。
3）了解速度控制回路的设计和装调方法。

【能力要求】

1）具有辨别常见流量控制阀的能力。
2）具备正确选用流量控制阀的能力。
3）具备分析速度控制回路工作原理的能力。
4）具备根据任务要求，设计和调试简单速度控制回路的能力。

【素质要求】

1）培养爱岗敬业、团结协作的工作作风。
2）培养创新的思维能力以及严谨求实的学习态度。
3）培养团队协作、吃苦耐劳、无私奉献的匠心品质。
4）培养制造强国、科技强国的使命担当意识。

【项目情境描述】

某工厂用一条传送带将金属切屑传送到一个料斗中，当料斗装满后，倒入一辆货车。为此，需要用一个双作用气缸，实现卸料的功能。料仓卸料装置模型如图 1-3-1 所示。

本项目以料仓卸料装置气动系统为例，请你通过对气动系统传动原理的分析、气动回路的识读，完成料仓卸料装置的气缸及气动元件选择，并完成气动回路的装调。

图 1-3-1　料仓卸料装置模型

安全事项：

为了避免在项目实施过程中引起人员受伤和设备损坏，请遵守以下内容：

1）压缩空气管线如果断开会引起事故，此时应马上关闭气源。

2）在打开气源前，要确保所有气管安全连接。

3）在检查错误时不要手动操作滚动杆（应使用工具）。

4）遵守安全规则。

5）元件连接要确保可靠。

6）回路搭建完成，须经指导教师确认无误后，方可起动回路。

7）不要在实验台上放置无关物品。

8）安全用电，保证在断电情况下插线、拔线。

<h2 style="text-align:center">学习任务一　气动元件认识与选用</h2>

料仓卸料装置在运动时，由于惯性的存在，如果速度过大会引起冲击，因此要对料仓卸料装置的运动速度进行控制。在本学习任务中我们将一起认识这些流量控制元件，并对料仓卸料装置的运动速度进行控制。

一、流量控制阀简介

在气动传动系统中，有时需要控制气缸的运动速度，有时需要控制换向阀的切换时间和气动信号的传递速度，这些都需要调节压缩空气的流量来实现。气动流量控制阀是通过改变阀的通流面积来实现流量控制的元件。气动流量控制阀包括节流阀、单向节流阀、排气节流阀等。流量控制阀实物图如图 1-3-2 所示。

图 1-3-2　流量控制阀实物图

二、节流阀

16 节流阀

如图 1-3-3 所示，节流阀由阀体、阀座、阀芯和调节螺杆组成。节流阀是将空气的通流面积缩小以增加气体的通流阻力，从而降低气体压力和流量的。如图 1-3-3 所示，阀体上有一个调整螺杆，可以调节节流阀的开口度（无级调节），并可保持其开口度不变，此类阀称为可调节开口节流阀。通流面积固定的节流阀称为固定开口节流阀。可调节流阀常用于调节气缸活塞的运动速度，若有可能，应将其直接安装在气缸上，这种节流阀有双向节流作用。使用节流阀时，节流面积不宜太小，因为空气中的冷凝水、尘埃等堵塞节流口通路后会引起节流量的变化。

1. 节流阀的调节特性

1）调节流量范围大。

2）调节精度高。

3）调节螺杆的位移量与通过阀口的流量成线性比例关系。

2. 影响节流特性的因素

1）节流口的几何形状和尺寸大小。

2）通道表面质量。

3）气体性质、气流参数及与外界热交换情况。

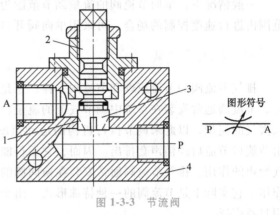

图 1-3-3　节流阀

1—阀座　2—调节螺杆　3—阀芯　4—阀体

三、单向节流阀

单向节流阀是由单向阀和节流阀组合而成的，常用于控制气缸的运动速度，也称为速度控制阀。如图 1-3-4 所示，气流从 P 口进入，单向阀被顶在阀座上，空气只能从节流口流向出口 A，流量受节流阀节流口的大小限制，调节螺杆可以调节节流面积。当空气从 A 口进入时，推开单向阀自由流到 P 口，不受节流阀限制。

利用单向节流阀控制气缸速度的方式有进气节流和排气节流两种方式。图 1-3-5a 所示为进气节流控制，是通过控制进入气缸的流量来调节活塞运动速度的。采用这种控制方式，若活塞杆上的载荷有轻微变化，将会导致气缸速度发生明显变化。因此，它的速度稳定性差，仅用于单作用气缸、小型气缸或短行程气缸的速度控制。图 1-3-5b 所示为排气节流控制，它控制的是气缸排气量大小，而进气不受影响。这种控制方式能为气缸提供背压来限制速度，故速度稳定性好，常用于双作用气缸的速度控制。单向节流阀用于气动执行元件的速度调节时应尽可能直接安装在气缸上。

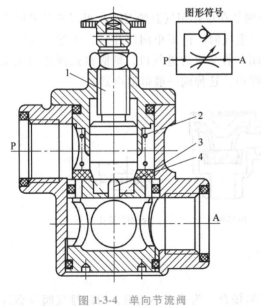

图 1-3-4　单向节流阀

1—调节螺杆　2—弹簧　3—单向阀　4—节流口

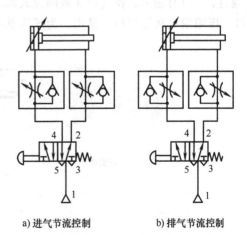

a）进气节流控制　　　b）排气节流控制

图 1-3-5　气缸速度控制

一般情况下,单向节流阀的流量调节范围为管道流量的 20%~30%。对于要求能在较宽范围内进行速度控制的场合,可采用单向阀开口度可调的速度控制阀。

四、排气节流阀

排气节流阀的节流原理和节流阀一样,也是靠调节通流面积来调节流量的。它们的区别是,节流阀通常安装在系统中调节气流的流量,而排气节流阀只能安装在排气口处,调节排入大气的流量,以此来调节执行机构的运动速度。如图 1-3-6 所示,气流从 A 口进入阀内,由节流口节流后经消声套排出。因而,它不仅能调节执行元件的运动速度,还能起到降低排气噪声的作用。排气节流阀通常安装在换向阀的排气口处,与换向阀联用,起单向节流阀的作用。它实际上是节流阀的一种特殊形式。由于其结构简单,安装方便,能简化回路,故应用日益广泛。

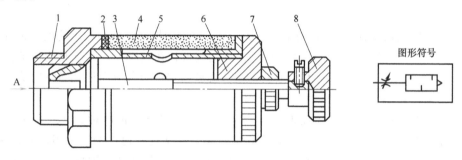

图 1-3-6　排气节流阀

1—阀座　2—密封圈　3—阀芯　4—消声套　5—阀套　6—锁紧法兰　7—锁紧螺母　8—旋柄

五、快速排气阀

快速排气阀可使气缸活塞运动速度加快,特别是在单作用气缸情况下,可以避免其回程时间过长。如图 1-3-7 所示,当快速排气阀的 1 口进气时,由于单向阀开启,压缩空气可自由通过,2 口有输出,排气口 3 被圆盘式阀芯关闭。若 2 口为进气口,则圆盘式阀芯就关闭 1 口,压缩空气从排气口 3 排出。为了降低排气噪声,这种阀一般带消声器。

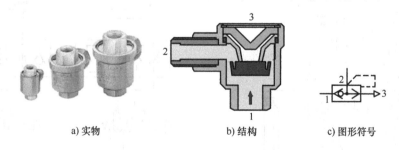

a) 实物　　　　　　　　b) 结构　　　　　c) 图形符号

图 1-3-7　快速排气阀

快速排气阀用于使气动元件和装置迅速排气的场合。为了减小流阻,快速排气阀应靠近气缸安装。例如,把它装在换向阀和气缸之间(应尽量靠近气缸排气口,或直接拧在气缸排气口上），使气缸排气时不用通过换向阀而直接排出。这对于大缸径气缸及缸阀之间管路长的回路尤为重要，如图 1-3-8a 所示。快速排气阀也可用于气缸的速度控制，如图 1-3-8b 所示。按下手动阀，由于节流阀的作用，气缸慢进；若手动阀复位，则气缸无杆腔中的气体直接通过快速排气阀快速排出，气缸实现快退动作，压缩空气通过排气口排出。

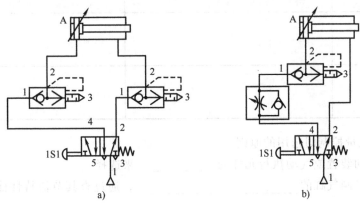

a)　　　　　　　　　　　　　　b)

图 1-3-8　快速排气阀应用回路

【课堂工作页】

1. 请画出下列气动元件的图形符号。

气动元件	节流阀	单向节流阀	排气节流阀
图形符号			

2. 请写出下面单向节流阀结构图中的各结构名称，并说明其工作原理。

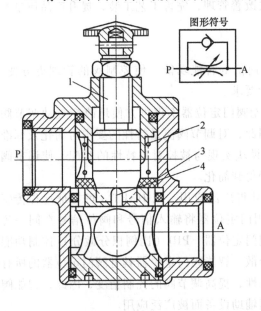

序号	结构名称
1	
2	
3	
4	

工作原理：_____

_____

3. 请列举双作用气缸的进气节流和排气节流两种调速方式的优、缺点和应用场合。

节流方式	优、缺点	应用场合
进气节流		
排气节流		

4. 请补充流量控制阀选用的原则。

1）根据气动装置或气动执行元件的_____来选择。

2）根据所控制气缸的_____，通过查其节流特性曲线，选择流量控制阀的规格。

5. 排气节流阀在安装时应该注意什么？

_____

_____

🔄 【知识链接】

气动调节阀的未来发展趋势

气动调节阀的未来发展趋势主要集中在智能化方向。目前，我国气动调节阀行业市场竞争激烈，阀门企业要坚持创新，对产品进行结构调整，改造传统产品，向高端调节阀进军。大型企业须带头向这方面努力，提升国内气动调节阀行业的水平和竞争力，而小型企业要走专业化生产，做好一厂一品，做精做强，下功夫改善管理，完善工艺工装，提升产品质量及竞争力。

智能化表现在以下几个方面：

1）气动调节阀的自诊断、运行状态的远程通信等智能功能，使控制阀的管理更方便，故障诊断变得容易，也降低了对维护人员的技能要求。

2）减少产品类型，简化生产流程。采用智能阀门定位器不仅可方便地改变气动调节阀的流量特性，也可提高控制系统的控制品质。因此，对调节阀流量特性的要求可简化及标准化（如仅生产线性特性控制阀），用智能化功能模块实现与被控对象特性的匹配，使调节阀产品类型和品种大大减少，使调节阀的制造过程得到简化。

3）数字通信。数字通信将在气动调节阀中获得广泛应用，以 HART（可寻址远程传感器高速通道）通信协议为基础，一些调节阀的阀门定位器将输入信号和阀位信号在同一传输线实现；以现场总线技术为基础，控制阀与阀门定位器、PID（比例积分微分）控制功能模块结合，使控制功能在现场级实现，使危险分散。智能阀门定位器具有阀门定位器的所有功能，同时能够改善调节阀的动态特性和静态特性，提高调节阀的控制精度，因此，智能阀门定位器将在今后一段时间内成为重要的调节阀辅助设备而被广泛应用。

学习任务二　料仓卸料装置气动回路设计

气动系统因功率不大，所以主要调速方法是速度控制回路。速度控制回路就是通过调节压缩空气的流量来控制气动执行元件的运动速度，使之保持在一定范围内的回路。常见的速度控制回路有单向调速回路、双向调速回路和气-液调速回路。

一、单向调速回路

17 速度控制回路

图 1-3-9 所示为双作用气缸单向调速回路。图 1-3-9a 所示为进气节流调速回路。在图示位置，当气控换向阀不换向时，进入气缸 A 腔的气流流经节流阀，B 腔排出的气体直接经换向阀快排。节流阀开度较小时，由于进入 A 腔的流量较小，压力上升缓慢。当气压达到能克服负载时，活塞前进，此时 A 腔容积增大，使压缩空气膨胀，压力下降，使作用在活塞上的力小于负载，因而活塞停止前进。待压力再次上升时，活塞才再次前进。这种由于负载及供气的原因使活塞忽走忽停的现象，称为气缸的"爬行"。所以进气节流调速的不足之处主要表现为两点：一是当负载方向与活塞的运动方向相反时，活塞运动易出现不平稳现象，即"爬行"现象；二是当负载方向与活塞运动方向一致时，由于排气经换向阀快排，几乎没有阻尼，负载易产生跑空现象，使气缸失去控制。

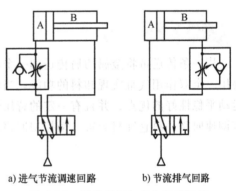

a) 进气节流调速回路　　b) 节流排气回路

图 1-3-9　双作用气缸单向调速回路

进气节流调速多用于竖直安装的气缸供气回路中，在水平安装的气缸供气回路中一般采用图 1-3-9b 所示的节流排气回路。由图示位置可知，当气控换向阀不换向时，从气源来的压缩空气经气控换向阀直接进入气缸的 A 腔，而 B 腔排出的气体必须经节流阀到气控换向阀而排入大气，因而 B 腔中的气体具有一定的压力。此时活塞在 A 腔与 B 腔的压力差作用下前进，从而减少了"爬行"发生的可能性，调节节流阀的开度，就可控制不同的排气速度，从而也就控制了活塞的运动速度，排气节流调速回路具有下述特点：

1）气缸速度随负载变化较小，运动较平稳。

2）能承受与活塞运动方向相同的负载（反向负载）。

二、双向调速回路

图 1-3-10 所示为双作用气缸双向调速回路。其中图 1-3-10a 所示为进气节流调速，气缸排气腔压力很快下降至大气压，而进气腔压力的升高比较慢，因此回路运动平稳性较差。图 1-3-10b 所示为排气节流调速，排气腔内建立与负载相适应的背压，在负载保持不变或微小变动的条件下，运动比较平稳。

三、气-液调速回路

图 1-3-11 所示为气 - 液调速回路。当电磁阀处于下位接通时，气压作用在气缸无杆腔活塞上，有杆腔内的液压油经机控换向阀进入气 - 液转换器，活塞杆快速伸出。当活塞杆压下机控换向阀时，有杆腔油液只能通过节流阀到气 - 液转换器，从而使活塞杆伸出速度减慢；而当电磁阀处于上位时，活塞杆快速返回。此回路可实现快进、工进、快退工况。因此，在要求气缸具有准确而平稳的速度时（尤其是在负载变化较大的场合），就要采用气 - 液相结合的调速方式。

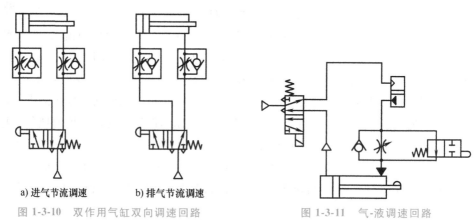

a) 进气节流调速   b) 排气节流调速

图 1-3-10 双作用气缸双向调速回路   图 1-3-11 气-液调速回路

【课堂工作页】

用一条传送带将金属切屑传送到一个料斗中，当料斗装满后，倒入一辆货车。为此，需要用一个双作用气缸实现卸料的功能。当负载变化不大时，排气节流方式具有进气阻力小、运动平稳性好的优点，并且有一定的背压性。因此，料仓卸料装置气动回路采用双向排气节流调速回路。料仓卸料装置气动控制回路如下图所示。

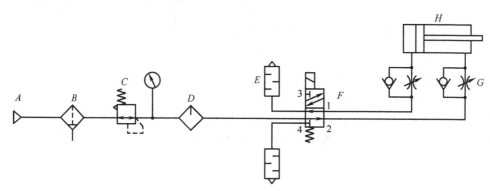

1. 请结合上图，写出料仓卸料装置气动控制回路中各元件的名称。

A—_____ B—_____ C—_____ D—_____

E—_____ F—_____ G—_____ H—_____

2. 料仓卸料装置气动回路工作原理分析。

初始位：二位五通电磁换向阀阀芯处于下位，双作用气缸处于缩回位置。此时，料仓处于等待装料位置。

放下料斗：接通二位五通电磁换向阀的线圈，阀芯换位，气压源产生的有压气体，经过_____，通过换向阀上位的_____口与_____口，有压气体进入气缸的_____侧，推动活塞向_____移动，放下卸料料斗。

收起料斗：切断二位五通电磁换向阀的线圈，阀芯换位，气压源产生的有压气体，经过_____，通过换向阀下位的 2 口与_____口，有压气体进入气缸的_____侧，推动活塞向_____移动，收起卸料料斗。

3. 下图所示为料仓卸料装置气动控制回路中的气源处理装置，它由_____、_____和_____组成，作用分别是_____、_____、_____。

4. 请你根据所学回答，料仓卸料装置气动控制回路中排气节流调速回路能否改为进气节流调速回路：_____。请结合排气节流调速回路与进气节流调速回路的区别说明你的理由：_____

5. 如何改变料斗放下、收起的速度？结合生活实际，料斗放下、收起哪个速度应该更快一些？

_____

_____

6. 请你完成料仓卸料装置气动回路的抄绘。

【知识链接】

气源处理装置——气动二联件和气动三联件

由于现在很多产品都可以做到无油润滑，所以油雾器的使用频率越来越低了，配置油雾器主要是为了设备在润滑脂消耗完以后又不准备更换时用于给油润滑。另外，现在过滤器与减压阀可以一体化为过滤减压阀，在结构上也有一定优化。因此，当前的气动三联件已经不是传统意义上的三联件，而是模块化的气源处理元件，有多种配置，可以根据需要任意选择组合。

在气动技术中，把空气过滤器、减压阀和油雾器三个气源处理元件组装在一起，称为气动三联件。它们是气动系统中不可或缺的气源装置，安装在用气设备附近，是压缩空气质量的保证。这三个部件的安装顺序是空气过滤器、减压阀和油雾器。

空气过滤器用于对气源的清洁，可过滤压缩空气中的水分，避免水分随气体进入装置；减压阀可对气源进行稳压，使气源处于恒定状态，可减小因气源气压突变对阀门或执行器等硬件的损伤；油雾器可对机体运动部件进行润滑，可以对不方便加润滑油的部件进行润滑，大大延长机体的使用寿命。

气动三联件的工作原理：压缩空气首先进入空气过滤器，净化后进入减压阀，减压后控制气体压力以满足气动系统要求，输出稳压气体进入油雾器，将润滑油雾化和压缩空气混为一体再输送到气动装置。

若只将空气过滤器与减压阀组装在一起，则称为气动二联件。气动二联件的工作原理：压缩空气首先进入空气过滤器，通过减压控制其输出压力，然后通过输出口输出。它通常用于无润滑的气动系统。

除组成不同外，气动二联件与气动三联件的功能、使用环境和使用寿命也完全不同。在某些情况下，压缩空气中不允许有油雾，但如果使用三联件，可以使不方便添加润滑油的部件得到润滑，延长其使用寿命。

学习任务三　料仓卸料装置气动回路装调

【课堂工作页】

1. 请根据指导教师的示范及现场提供的资料、气管及气动元件，识读、连接气路，正确组装和调试设备。

请你根据气动回路图，正确选择气动元件，按下列步骤完成调试（完成相关步骤后，请核实并在"检查结果"列标注"√"）。

序号	检查要点	所用气动元器件	检查结果
1	气泵电源是否正确连接、电源是否开启	气泵插头、气泵电源开关	
2	气泵是否正常供气	压力表	
3	气源处理装置气源开关是否关闭	气源开关	
4	气源处理装置是否正确选择分路管接头	管接头	

（续）

序号	检查要点	所用气动元器件	检查结果
5	控制阀是否正确选择及安装	二位五通电磁换向阀	
6	执行气缸是否正确选择及安装	双作用气缸	
7	安装完毕是否请指导教师检查	气路连接	
8	是否开启气源处理装置气源开关	气源开关	
9	是否正确组装和调试设备	功能结果	

完成以上任务后，请与指导教师交流。

2. 正确完成料仓卸料装置气动回路识读与搭建的调试后，请进行工位的整理。完成相关步骤后，请在前面方框内标注"√"。

□ 关闭气源处理装置气源开关。

□ 拔出所用气管，并放置在规定位置。

□ 整理所用气动元件，并放置在规定位置。

□ 实验桌椅摆放到位。

3. 完成本学习任务后，请你完成以下问题：

在回路装调过程中，你遇到了哪些问题？你是如何解决的？

问题描述	解决方法

项目四

冲压装置气动回路的设计与装调

【知识要求】

1）了解气动逻辑元件的结构特点、工作原理和应用。

2）掌握识读逻辑控制回路的方法。

3）了解逻辑控制回路的工作原理。

【能力要求】

1）能看懂逻辑控制回路。

2）能选用各类气动元件并安装逻辑控制回路。

3）能调试逻辑控制回路并解决出现的问题。

4）在项目实施过程中能按照 5S 要求进行现场管理。

【素质要求】

1）发展创新素养、科学思维。

2）培养为国效力、甘于奉献的家国情怀。

【项目情境描述】

图 1-4-1 所示为某企业加工车间的折边机，折边机的工作由气动系统控制，且具有保护操作者双手的功能。当把需要折边的钢板放到指定位置后，操作者必须双手同时按下两个相同的按钮开关，折边装置的成形模具才能向下运动，将钢板折弯。松开两个或其中一个按钮开关，都将使气缸缓慢回到初始位置。

安全事项：

为了避免在项目实施过程中引起人员受伤和设备损坏，请遵守以下内容：

1）元件要轻拿轻放，不能掉下，以防伤人。注意：毛刺、沾油元件容易脱手。

2）元件连接要确保可靠。

3）回路搭建完成，须经指导教师确认无误后，方

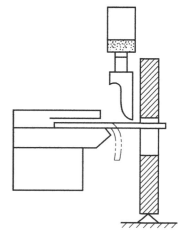

图 1-4-1   某企业加工车间的折边机

可起动回路。

4）不要在实验台上放置无关物品。

5）安全用电，保证在断电情况下插线、拔线。

学习任务一　气动逻辑元件认识与选用

一、认识气动逻辑元件

18 气动逻辑元件

气动逻辑元件是一种以压缩空气为工作介质，通过元件内部可动部件的动作，改变气体的流动方向，从而实现一定逻辑功能的气动控制元件。逻辑元件也称为开关元件。气动逻辑元件具有气流通径较大、抗污染能力强、结构简单、成本低、工作寿命长等特点。

气动逻辑元件按逻辑功能可以分为是门元件、与门元件、非门元件、双稳元件等，按工作压力可以分为高压元件（工作压力为 0.2~0.8MPa）、低压元件（工作压力为 0.02~0.2MPa）和微压元件（工作压力低于 0.02MPa）三种，按结构形式可以分为截止式元件、膜片式元件、滑阀式元件和球阀式元件等。

二、高压截止式逻辑元件

高压截止式逻辑元件的动作是依靠气压信号推动阀芯或通过膜片变形推动阀芯动作的，改变气流的通道以实现一定的逻辑功能。其特点是：

1）行程短，流量大。

2）工作压力较高（0.2~0.8MPa），且对净化程度要求不高。

3）带有显示和手动装置，便于检查和维修。

4）品种齐全，应用方便。

1. 是门元件和与门元件

图 1-4-2 所示为是门元件的结构、工作原理和图形符号。图中 a 为信号输入口，s 为信

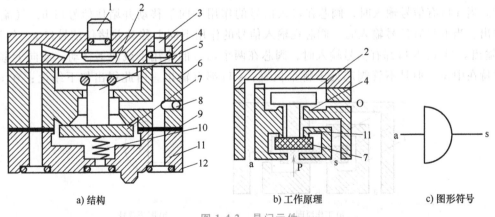

a) 结构　　　　　b) 工作原理　　　　　c) 图形符号

图 1-4-2　是门元件

1—手动按钮　2—膜片　3—显示活塞　4—上阀体　5—阀杆　6—中阀体

7—截止膜片　8—钢球　9—密封膜片　10—弹簧　11—下阀体　12—O 形密封圈

号输出口，中间口接气源 P。当 a 口没有压缩空气输入信号时，阀片在弹簧及气源压力作用下处于图示位置，堵住 P、s 之间的通道，此时 s 与排气口相通，s 口没有输出。当 a 口有压力信号输入时，膜片在有压力气体作用下向下移动，从而推动阀芯也向下移动，堵住了排气通道，P 口与 s 口相通，s 口有压力气体输出。所以 a 口与 s 口有以下关系：

1）当 a 口无信号输入时，s 口无输出。

2）当 a 口有信号输入时，s 口有输出。

如图 1-4-3 所示，中间口不接气源 P，而是接另一个有压信号输入口 b，此时该元件就成为与门元件。此时 a 口、b 口与 s 口有如下关系：

1）当 a 口没有信号输入、b 口没有信号输入时，s 口无输出。

2）当 a 口有信号输入、b 口没有信号输入时，s 口无输出。

3）当 a 口没有信号输入、b 口有信号输入时，s 口无输出。

4）当 a 口有信号输入、b 口有信号输入时，s 口有输出。

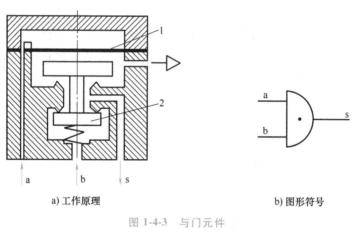

a) 工作原理　　　　　b) 图形符号

图 1-4-3　与门元件

1—膜片　2—阀芯

2. 或门元件

图 1-4-4 所示为或门元件的工作原理和图形符号，图中 a、b 是信号输入口，s 是信号输出口。当 a 口有信号输入时，阀芯在输入信号的作用下向下移动并堵住信号口 b，气流经 s 口输出。当 b 口有信号输入时，阀芯在输入信号的作用下向上移动并堵住信号口 a，气流经 s 口输出。当 a、b 口都有信号输入时，阀芯在两个信号的作用下或向下移动，或向上移动，或保持在中位。但是不管阀芯处于哪个位置，s 口都有输出。由此得出如下结论：在 a、b

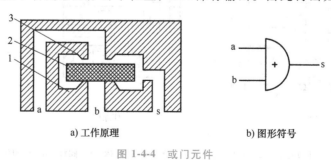

a) 工作原理　　　　　b) 图形符号

图 1-4-4　或门元件

1—下阀座　2—阀芯　3—上阀座

两个输入口中，有一个信号或同时有两个信号，s 口都有输出。

3. 非门元件与禁门元件

图 1-4-5 所示为非门元件，a 口为信号输入口，s 口为信号输出口，中间口接气源 P。当 a 口无信号输入时，阀片在气源压力作用下向上移动，堵住输出口 s 与排气口之间的通道，s 口有信号输出。当 a 口有输入信号时，膜片在输入信号的作用下，推动阀杆向下移动，堵住气源口 P，s 口无信号输出。

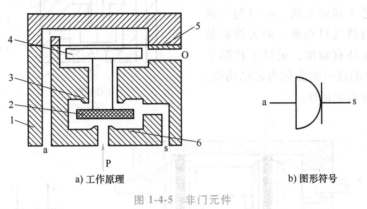

a) 工作原理　　　　　　　b) 图形符号

图 1-4-5　非门元件

1—阀体　2—截止膜片　3—上阀体　4—顶杆　5—膜片　6—下阀体

如图 1-4-6 所示，中间口不接气源 P，而是接另一个有压信号输入口 b，此时该元件就成为禁门元件。当 a、b 口都有信号输入时，阀杆及阀芯在 a 口输入信号的作用下堵住 b 口，s 口无输出。当 a 口无信号输入，b 口有信号输入时，s 口就有输出。

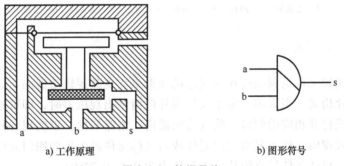

a) 工作原理　　　　　　　b) 图形符号

图 1-4-6　禁门元件

4. 或非元件

图 1-4-7 所示为或非元件的工作原理与图形符号。它是在非门元件的基础上增加两个信号输入端，即具有 a、b、c 三个输入信号，中间孔 P 接气源，s 口为信号输出端。当三个输入端均无信号输入时，阀芯在气源压力作用下上移，使 P 口与 s 口接通，s 口有输出。当三个信号端中任一个有输入信号时，相应的膜片在输入信号压力作用下，都会使阀芯下移，切断 P 口与 s 口的通道，s 口无输出。或非元件是一种多功能逻辑元件，用它可以组成与门、是门、或门、非门、双稳等逻辑功能元件。

5. 双稳元件

双稳元件如图 1-4-8 所示。在气压信号的控制下，阀芯 4 带动滑块 6 移动，实现对输出端的控制功能。当接通气源压力后，如果加入控制信号 a，阀芯 4 被控制信号 a 推至右端，气源的压缩空气由 P 口通至 s_1 口输出，而 s_2 口与排气口 O 相通。撤去控制信号 a，阀芯仍保持右位，s_1 口保持有输出，记忆了控制信号 a。若 b 口有控制信号输入，则阀芯 4 移至左端，s_2 口与气源 P 相通，s_1 口与排气口相通。撤去控制信号 b，s_2 口仍保持有输出，记忆了控制信号 b。双稳元件的这一功能称为记忆功能，或称这种元件具有记忆性。

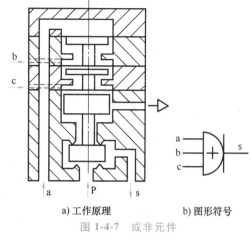

a) 工作原理　　　b) 图形符号

图 1-4-7　或非元件

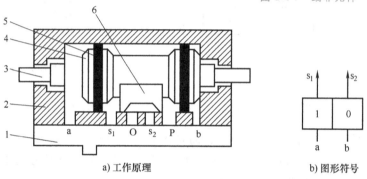

a) 工作原理　　　b) 图形符号

图 1-4-8　双稳元件

1—连接板　2—阀体　3—手动杆　4—阀芯　5—密封圈　6—滑块

三、高压膜片式逻辑元件

高压膜片式逻辑元件是利用膜片式阀芯的变形来实现其逻辑功能的。它由带阀口的气室和能够摆动的膜片构成。当采用一定手段使膜片的两侧出现压差时，即可迫使膜片向某一侧摆动，从而关闭或打开相应的阀口，使气流的流向、流路切换，以实现各种逻辑功能及控制功能。高压膜片式逻辑元件主要由三门元件或由三门元件派生出的四门元件组合而成。其特点是：结构简单，可动部件只有膜片；工作压力为 $0.3 \sim 0.7$ MPa。

1. 三门元件（采用泄压方式形成膜片的压差）

图 1-4-9 所示为三门元件的工作原理和图形符号。它由上、下气室及膜片组成，下气室有输入口 a 和输出口 s，上气室有一个输入口 b，膜片将上、下两个气室隔开。因为元件共有三个口，所以称为三门元件。a 口接气源（输入），s 口为输出口，b 口接控制信号。若 b 口无控制信号，则 a 口输入的气流顶开膜片从 s 口输出，如图 1-4-9b 所示；若 s 口接大气，若 a 口和 b 口输入相等的压力，由于膜片两边作用面积不同，受力不等，s 口通道被封闭，a、s 气路不通，如图 1-4-9c 所示。若 s 口封闭，a、b 口通入相等的压力信号，膜片受力平衡，无输出，如图 1-4-9d 所示。但在 s 口接负载时，三门的关断是有条件的，即 s 口降压或 b 口升压才能保证可靠地关断。利用这个压差作用的原理，关闭或开启元件的通道，可组成各种逻辑元件。其图形符号如图 1-4-9e 所示。

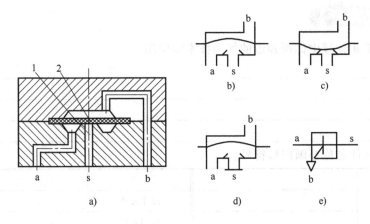

图 1-4-9　三门元件

1—截止阀口　2—膜片

2. 四门元件

四门元件的工作原理和图形符号如图 1-4-10 所示。膜片将元件分成上、下两个气室，下气室有输入口 a 和输出口 b，上气室有输入口 c 和输出口 d，因为共有四个口，所以称为四门元件。四门元件是一个压力比较元件，即膜片两侧都有压力且压力不相等时，压力小的一侧通道被断开，压力高的一侧通道被导通；若膜片两侧气压相等，则要看哪一通道的气流先到达气室，先到者通过，后到者不能通过。

当 a、c 口同时接气源，b 口通大气，d 口封闭时，则 d 口有气无流量，b 口关闭无输出，如图 1-4-10b 所示；此时若封闭 b 口，情况与上述状态相同，如图 1-4-10c 所示，此时放开 d 口，则 c 口至 d 口气体流动，放空，下气室压力很小，膜片上气室气体由 a 口输入，为气源压力，膜片下移，关闭 d 口，则 d 口无气，b 口有气但无流量，如图 1-4-10d 所示；同理，此时再将 d 口封闭，元件仍保持这一状态，如图 1-4-10e 所示。其图形符号如图 1-4-10f 所示。

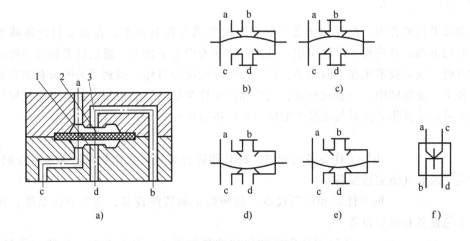

图 1-4-10　四门元件

1—下截止阀口　2—膜片　3—上截止阀口

🔄 【课堂工作页】

1. 请写出工业领域中你所知道的气动技术的应用。

_____

_____

_____

_____

2. 请根据元件名称补画图形符号。

元件名称	图形符号	元件名称	图形符号
是门元件		或非元件	
与门元件		禁门元件	
或门元件		双稳元件	
非门元件			

3. 对比三门元件和四门元件的工作原理。

三门元件	四门元件

🔄 【知识链接】

气动技术是被誉为工业自动化之"肌肉"的传动与控制技术，在加工制造领域越来越受到人们的重视，并获得了广泛应用。目前，伴随着微电子技术、通信技术和自动控制技术的迅猛发展，气动技术也在不断创新，以工程实际应用为目标，得到了前所未有的发展。

在各个工业领域中，一直在研究、试验和运用许多新的气动控制设备。下面仅按几个方面的加工过程或操作方式对气动技术的应用进行粗略划分。

1. 农业

（1）田间作业　田间工作设备的倾斜、提升和旋转装置，农作物保护和杂草控制设备，包装袋提升机和其他搬运设备。

（2）动物饲养　饲料计量和传送设备，粪便收集和清除设备，蛋类分选系统，通风设备，剪羊毛设备和屠宰设备。

（3）动物饲料生产　动物饲料生产和包装的装卸设备，计量装置，搅拌和称量系统，存贮、计数和监测装置。

（4）林业　堆料场控制设备。

（5）种植业　温室通风设备，收割机，水果和蔬菜分选设备。

2. 公共设施

（1）热电站　锅炉房通风设备，遥控阀，气动开关控制设备。

（2）核电站　燃料和吸收器进给装置，进料口和手控气锁之间的互锁设备，测试和计量装置，自动操作设备。

（3）供水系统　水位控制设备，遥控阀，下水道和废水处理中的耙式齿轮滤网和控制阀的操作设备。

3. 采矿

在露天和地下矿场中直接或间接开采矿石的辅助设备。

4. 化学工业

容器盖密封装置，计量系统，（混合物）搅拌杆调节设备，实验室中化学物混合装置，浸入电解槽中的升降装置，控制阀操作装置，称量装置，控制、包装、制模设备，水位控制和过程控制系统。

5. 石油工业

与化学工业相似，用于工厂和实验室的辅助设备。

6. 塑料橡胶工业

（1）塑料生产　大批量材料传送和分发的控制系统，控制阀操作装置，料箱门控制装置。

（2）塑料加工　压延辊调整装置，切断机操作装置，注射模闭合装置，成形、模压和焊机的关闭装置，薄膜进给和传送监测装置，成形和黏合装置，安全装置（如设备门操作），断开装置。

（3）橡胶加工　安全装置，整个传送和生产装置中的控制和驱动装置，混合器和硫化压机中的关闭装置，测试设备。

7. 石材、陶瓷和玻璃工业

（1）岩石和矿石　锯床进给驱动装置，夹紧装置。

（2）砖块、毛坯石和瓷砖　成形机驱动装置，料箱门控制装置，碎石机进给装置，料斗中防止材料（砂、水泥和粒料）拱起的振动器，传送和搬运装置，火窑门操作装置，推进和分选装置。

（3）玻璃、陶器和瓷器　成形机驱动装置，料箱门控制装置，装饰机，吹型机。

8. 重工业

（1）钢铁　轧钢机的辅助设备，分割机驱动装置，捆绑机。

（2）有色金属　熔炉的辅助设备，切断机和锯床的夹紧和驱动装置，捆绑机，卷线机，打标机。

（3）铸造　成形机，型芯分离装置，堆放和搬运装置，毛边修整机，用于有色金属的铸锭模压盖机，浇包设备，铸造设备的辅助驱动，炉门控制装置。

（4）金属预制件和钢制家具　装配辅助设备，压力机，折边装置，切断机，压边机。

（5）废金属及回收　罐头盒挤压机，废金属打包机，地板下金属屑输送的步进驱动装置。

9. 轻工业

（1）伐木　框锯的滚筒调整装置，横割锯驱动装置，接合压机，进给导向装置，自动搬运设备。

（2）家具　进给装置和固定压机驱动装置，夹紧装置，装配辅助设备，框式压机，钻头进给装置，胶合板切断机，木板停止和输送控制装置，胶进给装置，压型机，木钉胶合装置。

（3）木材加工　仿形驱动装置，靠模成形机，镗孔驱动装置，夹紧和进给装置。

（4）清扫制件　进给装置，夹紧装置，压机，打标装置，切断机。

（5）造纸业和印刷业　造纸机的滚筒调整和压紧装置，码垛机；纸张和纸板加工的进给装置，夹紧装置，切断机，压印花装置，冲压装置，捆绑机，废料打包驱动装置，废料打包机，切断机及剪刀的驱动装置，折弯装置，卷筒纸进给监测装置；装饰网版印刷机驱动装置，压印花装置，码垛机，手动机械。

（6）纺织工业　离心纺纱机和编织机清洗系统的控制阀操作装置，通风设备，纱线进给监测装置；缝纫机的辅助装置，码垛装置，进给装置，切断机，码边机。

（7）皮革业　皮革加工的切断机，打标装置，冲压装置，进给装置，成形机驱动装置；制鞋的成形机，打标装置，切断机，孔眼冲压机驱动装置，鞋根和鞋底成形机，翻转装置，鞋底胶合压紧装置，制作运动鞋等时硬化设备中的模型关闭装置。

（8）食品和饮料业　料箱门控制装置，计量和称量控制装置，包装机，搬运存放装置；灌装设备，包装设备，塑料袋成形和封口装置；按重量或体积进行生面投配的装置，成形机，包装设备；屠宰装置，传送和搬运装置，罐头分类装置，密封检验装置，包装设备，搬运存放装置；瓶子搬运和分类装置，瓶盖检验器，标签敷贴机，进给和输送装置，包装设备，搬运存放装置，灌装设备，计量和原料投配系统。

（9）建筑业　料箱门控制装置，称量-原料投配混合控制装置，混凝土搅拌装置，砖石运输设备，沥青和建筑材料的投配装置，喷漆装置。

（10）运输　火车制动系统，公共汽车和有轨电车车门操作装置，喷砂控制装置，紧急制动锁，十字门控制和驱动器，入口门控制装置，路标装置，铁路检测装置。

（11）教育、广告策划　可视系统控制装置，投影屏幕和黑板操作装置，示范模型控制装置，训练模型（用于控制系统和逻辑功能）控制装置，显示装置。

学习任务二　逻辑控制气动回路设计

一、异地控制回路

如图 1-4-11 所示，异地控制回路的工作原理：气源 1 为系统提供压缩空气，压缩空气进入气源处理装置 2，气源处理装置对压缩空气进行净化、调压和润滑处理。初始状态下，压缩空气通过二位五通单气控换向阀 6 进入双作用气缸 7 的有杆腔，活塞杆处于缩回状态。按下二位三通按钮式换向阀 3，压缩空气经过阀 3 的进、出气口到达梭阀 5 的左进气口，把阀芯推到右侧并堵住右进气口，从而左进气口和上侧出口相通，压缩空气到达阀 6 的控制口推动阀芯换向，压缩空气能通过阀 6 进入双作用气缸 7 的无杆腔，推动活塞杆伸出。松开阀 3，其阀芯复位，阀 6 控制口无压缩空气，其阀芯复位，双作用气缸 7 的活塞杆缩回。同理，按下阀 4，双作用气缸 7 的活塞杆伸出，松开阀 4，双作用气缸 7 的活塞杆缩回。所以该回路可以实现异地控制功能。

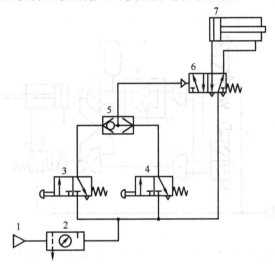

图 1-4-11　异地控制回路

1—气源　2—气源处理装置　3、4—二位三通按钮式换向阀　5—梭阀
6—二位五通单气控换向阀　7—双作用气缸

二、或门元件控制回路

图 1-4-12 所示为采用梭阀作为或门元件的控制回路。当信号 a 及 b 均无输入时（图 1-4-12 所示状态），气缸处于原始位置。当信号 a 或 b 有输入时，梭阀 s 有输出，使二位四通阀克服弹簧力作用切换至上方位置，压缩空气即通过二位四通阀进入气缸下腔，活塞上移。当信号 a 或 b 解除后，二位三通阀在弹簧作用下复位，s 无输出，二位四通阀也在弹簧作用下复位，压缩空气进入气缸上腔，使气缸复位。

三、禁门元件组成的安全回路

图 1-4-13 所示为用二位三通按钮式换向阀和禁门元件组成的双手操作安全回路。当两个二位三通按钮式换向阀同时按下时，或门元件的输出信号 s 要经过单向节流阀 3 进入储气罐 4，经一定时间的延时后才能经禁门元件 5 输出，而与门元件的输出信号 s_2 是直接输入禁

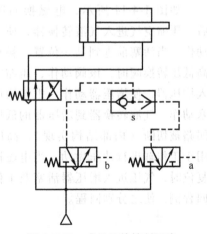

图 1-4-12　或门元件控制回路

门元件 6 上的，因此 s_2 比 s_1 早到达禁门元件 6，禁门元件 6 有输出。输出信号 s_4 一方面推动主控换向阀 8 换向使气缸 7 前进，另一方面又作为禁门元件 5 的一个输入信号，由于此信号比 s_1 早到达禁门元件 5，故禁门元件 5 无输出。如果先按阀 1，后按阀 2，且按下的时间间隔大于回路中延时时间 t，那么或门元件的输出信号 s_1 先到达禁门元件 5，禁门元件 5 有输

出信号 s_3 输出，而输出信号 s_3 是作为禁门元件 6 的一个输入信号的，由于 s_3 比 s_2 早到达禁门元件 6，故禁门元件 6 无输出，主控换向阀不能切换，气缸 7 不能动作。若先按下阀 2，后按下阀 1，则其效果与同时按下两个阀的效果相同。但若只按下其中任一个阀，则换向阀 8 不能换向。

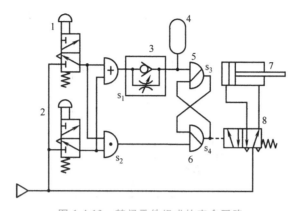

图 1-4-13　禁门元件组成的安全回路

1、2—二位三通按钮式换向阀　3—单向节流阀　4—储气罐　5、6—禁门元件　7—气缸　8—换向阀

四、冲压装置气动回路

1. 冲压回路

冲压回路主要用于薄板压力机、压配压力机等，由于在实际冲压过程中，往往仅在最后很小一段行程里做功，其他行程不做功，因而宜采用低压-高压二级回路，无负载时低压，做功时高压。

如图 1-4-14 所示，电磁换向阀通电后，压缩空气进入气液转换器，使工作缸动作。当活塞前进到某一位置，触动三通高低压转换阀时，该阀动作，压缩空气供入增压器，使增压器动作。由于增压器活塞动作，气液转换器到增压器的低压液压回路被切断（内部结构实现），高压油作用于工作缸进行冲压做功。当电磁换向阀复位时，气压进入增压器活塞及工作缸的回程侧，使之分别回程。

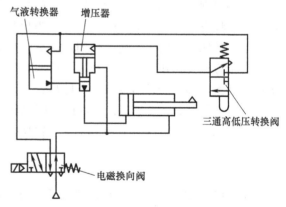

图 1-4-14　冲压回路

2. 冲击回路

冲击回路是利用气缸的高速运动给工件以冲击的回路，如图 1-4-15 所示。此回路由压缩空气的储气罐、快速排气阀及操纵气缸的三通换向阀组成。在初始状态时，由于机械式换向阀处于压下状态，气缸活塞杆一侧通大气。二位五通电磁阀通电后，二位三通气控阀换向，储气罐内的压缩空气快速流入冲击气缸，气缸起动，快速排气阀快速排气，活塞以极高的速度运动，该活塞具有的动能输出很大的冲击力。使用该回路时，应尽量缩短各元件与气缸之间的距离。

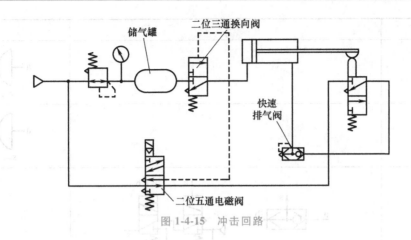

图 1-4-15　冲击回路

【课堂工作页】

1. 请你根据所学知识分析下面的双手操作回路。

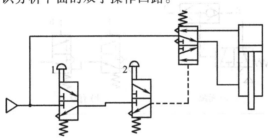

_____

_____

_____

_____

_____

2. 请你根据所学知识分析下面的过载保护回路。

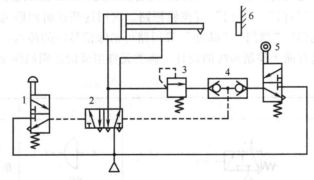

_____

_____

_____

_____

_____

3. 请你根据所学，补画逻辑回路、图形符号及表达式。

名称	逻辑回路	图形符号及表达式
是门回路		a ─⊃─ s s=a
非门回路		a ─⊃│─ s s=ā
或门回路	a) 无源　　　b) 有源	
或非门回路	a) 无源　　　b) 有源	
延时回路		a ─t⊃─ s

【知识链接】

气动逻辑回路是把气动回路按照逻辑关系组合而成的回路。按照逻辑关系可把气信号组成"是门""或门""与门""非门"等逻辑回路。应用这些逻辑回路的主要目的是进行信号变换。例如用"与门""禁门""脉冲"等回路可消除信号间的障碍，用记忆回路可将短信号变为长信号，这有助于控制系统的设计。阀类元件组成的逻辑回路见表1-4-1。

表 1-4-1　阀类元件组成的逻辑回路

名称	逻辑回路	图形符号及表达式	动作说明
是门回路		a ─⊃─ s s=a	有信号 a 则 s 有输出，无信号 a 则 s 无输出
非门回路		a ─⊃─ s s=ā	有信号 a 则 s 无输出，无信号 a 则 s 有输出

（续）

名称	逻辑回路	图形符号及表达式	动作说明
或门回路	a) 无源　　b) 有源	$s=a+b$	有 a 或 b 任一信号，s 就有输出
或非门回路	a) 无源　　b) 有源	$s=\overline{a+b}$	有 a 或 b 任一信号，s 就无输出
与门回路	a) 无源　　b) 有源	$s=ab$	只有当信号 a 或 b 同时存在时，s 才有输出
与非门回路	a) 无源　　b) 有源	$s=\overline{ab}$	只有当信号 a 或 b 同时存在时，s 才无输出
禁门回路	a) 无源　　b) 有源	$s=\overline{a}b$	有信号 a 时，s 无输出（a 禁止了 s 有输出）；当无信号 a、有信号 b 时，s 才有输出
记忆回路	a) 双稳　　b) 单记忆	a) $s_1=K_b^a$　　b) $s_2=K_a^b$	有信号 a 时，s_1 有输出，a 消失，s_1 仍有输出，直到有信号 b 时，s_1 才无输出 s_2 有输出。a、b 不能同时加入
延时回路		$a—t—s$	当有信号时，需延时 t 时间后 s 才有输出，调节节流阀和储气罐可调节 t。回路要求 a 的持续时间大于 t

学习任务三　折边机回路装调

1. 识读折边机气动回路

如图 1-4-16 所示，折边机气动回路的工作原理：气源 1 为系统提供压缩空气，压缩空气进入气源处理装置 2，气源处理装置对压缩空气进行净化、调压和润滑处理。初始状态下，压缩空气通过二位五通单气控换向阀 6 进入双作用气缸 8 的有杆腔，活塞杆处于缩回状态。按下二位三通按钮式换向阀 3，压缩空气经过阀 3 的进、出气口到达双压阀 5 的左进气口，把阀芯推到右侧并堵住左进气口，压缩空气不能继续流动；同理，按下二位三通按钮式换向阀 4，压缩空气经过阀 4 的进、出气口到达阀 5 的右进气口，把阀芯推到左侧并堵住右进气口，压缩空气不能继续流动；按下阀 3 和 4，压缩空气进入阀 5 左、右进气口，阀 5 出气口有压缩空气流出，压缩空气到达阀 6 的控制口推动阀芯换向，压缩空气能通过阀 6 进入双作用气缸 8 的无杆腔，推动活塞杆伸出，单向节流阀 7 控制活塞杆伸出的速度。松开换向阀 3 或 4，阀 6 控制口无压缩空气，其阀芯复位，双作用气缸 8 活塞杆缩回，单向节流阀 7 不能控制活塞杆缩回的速度。

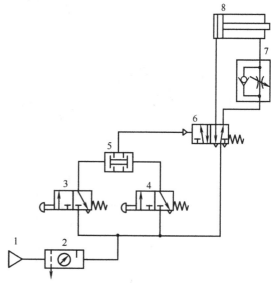

图 1-4-16　折边机气动回路

1—气源　2—气源处理装置　3、4—二位三通按钮式换向阀　5—双压阀　6—二位五通单气控换向阀　7—单向节流阀　8—双作用气缸

2. 安装折边机气动回路

根据气动回路从气动元件库中选取适合本学习任务的气动元件，按照压缩空气的流向安装回路。

参考安装方法（参考图 1-4-16）：首先用气管从气源 1 的出气口连接到气源处理装置 2 的进气口（P 口），再用气管从气源处理装置 2 的出口（A 口）通过多通接头分成三路：第一路连接到二位三通按钮式换向阀 3 的进气口（P 口），再从阀 3 的出气口（A 口）连接到双压阀 5 的左进气口（P_1 口）；第二路连接到二位三通按钮式换向阀 4 的进气口（P 口），再从阀 4 的出气口（A 口）连接阀 5 的右进气口（P_2 口），阀 5 的出气口（A 口）连接到二位五通单气控换向阀 6 的控制口（Z 口）；第三路连接到阀 6 的进气口（P 口）；最后用三根气管把阀 6 的出气口、单向节流阀 7 和双作用气缸 8 连接起来，注意单向节流阀的安装位置和方向。

3. 调试折边机气动回路

调试折边机气动回路的注意事项如下：

1）检查各个接口是否连接安全。

2）打开气源，调节调压阀的调节旋钮，使气压为0.3~0.4MPa。

3）打开空气调压器上面连接的旋钮开关，让系统回路通气。

4）检查通气后所有气缸能否回到要求的初始位置。

5）观察是否有漏气现象，若漏气，则关闭气源，查找漏气原因并排除。

6）按照折边机气动回路的工作原理进行试验，调节气缸运动速度，使气缸运动平稳，无振动和冲击。

7）动作可靠，且伸缩速度基本保持一致。观察结果，看是否达到预期效果。

【课堂工作页】

1. 故障设置及排除

（1）故障设置　由小组成员或指导教师设置1~3处气路故障，如不能起动、气缸伸出或缩回太快且不能调节、气缸不能伸出或不能返回等。设置气路不通可用透明胶挡住气管、改变进/出气口等方法。

常见故障原因如下（参考图1-4-16）：

1）气缸的初始状态不对，原因可能是：①换向阀3的进、出气口连接错误；②换向阀4的进、出气口连接错误；③换向阀6的进、出气口连接错误。

2）气缸不能正常运行，原因可能是：①气源1不能正常提供压缩空气；②气源处理装置2中减压阀调节压力过低；③换向阀3、4的进气口连接错误；④换向阀6的进、出气口或控制口连接错误；⑤双压阀5选择错误；⑥单向节流阀7的进、出气口连接错误或者节流阀完全截止。

（2）观察故障现象并分析故障原因　根据故障现象和排除情况，完成下表的填写。

故障序号	故障现象	分析原因	查找步骤	故障点
1				
2				
3				

（3）排除故障　根据故障现象分析和查找故障点并逐一排查，恢复系统功能并调试好系统。

（4）注意事项

1）在设置故障和排除故障时，必须在关闭气源的状态下进行。

2）不允许在通气状态下插、拔气管。

3）在检查回路时，发生漏气现象要及时关闭气源。

4）在排查故障时，不能扩大故障点，不能损坏元件。

5）完成故障排除后，及时关闭气源，拆下的管路和元件要放回原位。

2. 完成任务评价表

班级		姓名		任务名称		
序号	步骤	要求		评分标准	配分	得分
1	识读气动回路	正确绘制回路		每错一处扣2分	22分	
		正确识别气动元件				
		能读懂回路				
2	安装	正确选择元件		每项6分,根据情况酌情扣分	30分	
		元件布局合理				
		正确连接元件				
		接头连接可靠				
		整体安装美观、合理				
3	调试	通气前各阀处于正确位置		每项7分,根据情况酌情扣分	28分	
		调试方法正确				
		调试过程正确				
		停气后各元件处于正确位置				
4	安全文明与5S考核	安全操作		每项10分	20分	
		操作过程中符合5S要求				
总分					100分	

1）确认被测电路不得带电，不能接入工频电压，以免造成其他无关电路的损坏。

2）空间要大及保持通风。

3）布局时应尽量，减少各装置的相互影响及干扰回路。

4）考虑人为的方便又应当安全。

5）电路要具备短路保护及自锁装置，保证……

项目五

压装装置电、气动回路的设计与装调

【知识要求】

1）能说出压装装置的基本组成。
2）能说出压装装置的工作原理。
3）了解电器元件的基础原理。
4）了解压装装置电、气动回路的设计。

【能力要求】

1）具有正确识别压装装置系统各组成部分的能力。
2）具有正确选用电气元件的能力。
3）能根据任务要求，改装设计压装装置电、气动回路。
4）能完成压装装置控制回路的设计与装调。

【素质要求】

1）遵守现场操作的职业规范，具备安全、整洁、规范实施项目的能力。
2）具有勇于改革的创新精神。
3）以积极的态度对待训练项目，具有团队交流和协作能力。
4）树立精益求精和一丝不苟的工匠精神。

【项目情境描述】

　　某生产车间需要对生产好的散货进行压装，所用压装装置的工作示意图如图 1-5-1 所示，气缸连接压板对散货物品进行压装。本项目要求根据散货压装装置的工作原理，把气动控制的散货压装装置改装成由电、气动控制。系统采用双作用气缸，当工位上没有物品时，气缸带动压板压装到 a_1 位置后收回，同时要求气缸在压装的过程中速度可以进行调节，设计完成后请在实验台上完成搭建和调试。

　　安全事项：

　　为了避免在项目实施过程中引起人员受伤和设备损坏，请遵守以下内容：

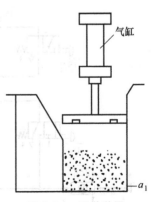

图 1-5-1　压装装置
的工作示意图

1）元件要轻拿轻放，不能掉下，以防伤人。注意：毛刺、沾油元件容易脱手。

2）元件连接要确保可靠。

3）回路搭建完成，须经指导教师确认无误后，方可起动回路。

4）不要在实验台上放置无关物品。

5）安全用电，保证在断电情况下插线、拔线。

6）安全用气，保证在断气情况下拔、插气管。

学习任务一 电、气动元件的认识与选用

散货压装装置工作时，按下起动按钮后，气缸对散货进行压装；当散货压实后，气缸停留一段时间再缩回进行第二次压装，如此循环工作，直到按下停止按钮后气缸才停止动作。另外，当工作位置上没有物品时，气缸压装到指定位置后会自动收回。在工作过程中，气缸的速度可以进行调节。

一、压装装置气动系统的工作原理分析

如图 1-5-2 所示，散货压装装置是通过压力顺序阀 1V4 对系统压力进行调节和控制之后，再用单向节流阀 1V7 实现速度控制。系统的执行元件是双作用气缸 1A1，主控阀是二位五通双气控阀 1V6，压装装置工作示意图中的 a_1 位置即行程阀 1S4 位置。

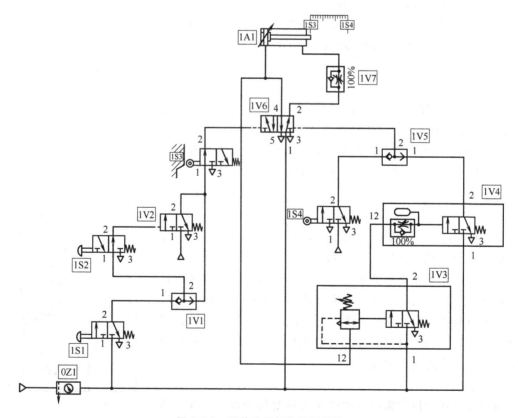

图 1-5-2 压装装置气动控制回路

1. 压装装置系统气动回路图分析

在初始位置，压缩空气进入气缸 1A1 的右腔，使活塞杆缩回，行程阀 1S3 左位接通。

当按下手控阀 1S1，压缩空气经行程阀 1S3 进入主控阀 1V6 的左端控制口，主控阀 1V6 左位接入系统，气缸 1A1 伸出，而气缸右腔的空气需经单向节流阀 1V7 的节流口通过，速度受到控制。当活塞杆离开 1S3 的位置后，阀 1S3 在弹簧力的作用下，使右位接入系统，主控阀 1V6 左端没有控制信号，而由于双气控阀具有"记忆"特性，使气缸继续伸出。

当活塞杆运行到 1S4 的位置（或压力达到阀 1V3 的调节压力并延时一段时间后，阀 1V4 工作），阀 1V5 有压缩空气输出，使主控阀 1V6 右位接入系统，活塞杆缩回，同时，主控阀 1V6 右端没有控制信号。

当活塞杆运行到 1S3 的位置，又使气缸 1A1 伸出，一直这样循环工作，直到按下手控阀 1S2，使系统回到初始位置。

散货压装装置回路系统由气泵、压力阀、延时阀、换向阀和气缸组成，见表 1-5-1。

表 1-5-1　压装装置气动元件组成

编号	数量	名称	编号	数量	名称
0Z1	1	气泵	1V3	1	压力顺序阀
1S1,1S2	2	3/2 手控阀	1V4	1	延时阀
1S3,1S4	2	3/2 行程阀	1V6	1	5/2 双气控阀
1V1,1V5	1	梭阀	1V7	1	单向节流阀
1V2	1	3/2 单气控阀	1A1	1	气缸

2. 启动、停止控制回路

图 1-5-3 中二位三通常断型手控阀 1S1 的作用是启动控制阀，二位三通常通型手控阀 1S2 是停止控制阀。

当按下手控阀 1S1 后，压缩空气经梭阀 1V1 及手控阀 1S2 的右位，使阀 1V2 左位接通，1V2 的 2 口有压缩空气输出；由于梭阀 1V1 的一个进气口与 1V2 的 2 口相连，当松开手控阀 1S1 后，梭阀 1V1 的工作口仍有压缩空气输出，使阀 1V2 保持左位接通，有压缩空气输出。

当按下手控阀 1S2 后，阀 1V2 在弹簧力的作用下，右位接通，阀 1V2 的 2 口没有信号输出，同时，梭阀 1V1 的两进气口都没有压缩空气进入，工作口也没有压缩空气输出，所以当松开手控阀 1S2 后，阀 1V2 保持右位接通，没有压缩空气输出。

启动、停止控制回路的控制原理类似于电气控制系统中的继电器自锁控制，如图 1-5-4 所示，所以把它称为电气自锁控制回路。在实际应用中，可以把这种控制作为固定模块（自锁控制模块）使用。

3. 回程控制回路

压装装置的气缸活塞杆缩回有两种情况：一种是活塞杆碰到行程阀 1S4 的位置缩回；另一种情况是当压装力达到要求并延时一段时间后，活塞杆缩回。这两种情况中的任一种情况发生，活塞杆都要缩回，通过梭阀 1V5 进行控制。

（1）行程缩回的控制回路　如图 1-5-5 所示，气缸 1A1 的活塞杆运行到行程阀 1S4 位置后，压下阀 1S4，梭阀 1V5 有压缩空气输出，使主控阀 1V6 右位有控制信号，气缸 1A1 缩回。

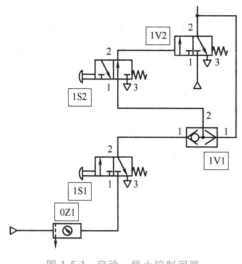

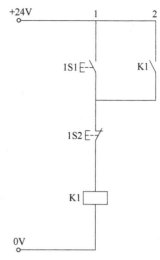

图 1-5-3　启动、停止控制回路　　　　　　　图 1-5-4　电气自锁控制回路

（2）压力延时缩回的控制　如图 1-5-6 所示，当气缸 1A1 左腔的压力达到压力顺序阀 1V3 调定的压力时，阀 1V3 工作，压缩空气进入延时阀 1V4 的控制口 12，延时一段时间后，阀 1V4 工作，通过梭阀 1V5 输出压缩空气，使主控阀 1V6 右位有控制信号，气缸 1A1 缩回。

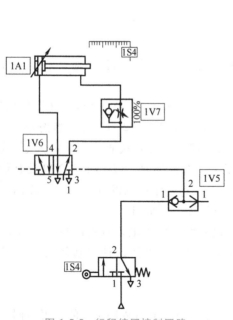

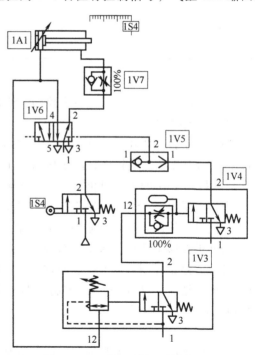

图 1-5-5　行程缩回控制回路　　　　　　　图 1-5-6　压力延时缩回控制回路

二、常用电气控制元件

1. 稳压电源

稳压电源的作用是将电网上的交流电压转换成电气控制系统所需的直流电压，一般稳压

电源由变压器、整流器和滤波器三部分组成。

　　1）变压器将电网提供的交流电压变换成规定的 24V 交流电压。

　　2）由桥式整流电路和电容组成的整流器将 24V 交流电压变换成 24V 直流电压。

　　3）滤波器将已整流的还带有脉动的直流电变成平滑的直流电。

　　2. 电气信号输入元件

　　在电气控制线路中，按钮开关是必需的电器元件之一，通常把它们作为启动、停止等动作的信号输入元件，一般分为按钮开关式和锁定开关式，其工作原理是相似的。

　　（1）常开式按钮开关　图 1-5-7 所示为常开式按钮开关的实物及图形符号。按下操作端后，开关片将两个接线端接通，电路导通；松开操作端后，利用弹簧的作用，开关片恢复到原来的状态，电路断开。

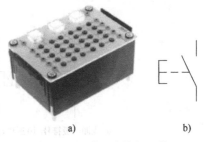

图 1-5-7　常开式按钮开关

　　（2）常闭式按钮开关　图 1-5-8 所示为常闭式按钮开关的实物及图形符号。按下操作端后，开关片脱离两个接线端，电路断开；松开操作端后，利用弹簧的作用，开关片恢复到原来的状态，电路导通。

　　（3）转换型按钮开关　图 1-5-9 所示为带有常开接线端和常闭接线端的转换型按钮开关的实物及图形符号。按下操作端后，常开接线端闭合，常闭接线端断开；松开操作端后，常开接线端断开，常闭接线端恢复闭合。

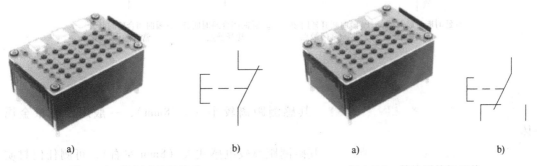

a)　　　　　　　　　b)　　　　　　　　　a)　　　　　　　　　b)

图 1-5-8　常闭式按钮开关　　　　　　图 1-5-9　转换型按钮开关

　　（4）行程开关　行程开关又称为限位开关，能将机械位移转变为电信号，以控制机械运动。直动式行程开关如图 1-5-10 所示。

　　（5）继电器　在电气控制线路中，继电器是必需的电器元件之一，通常把它们作为传递信号电流的元件。一般它带有常开式触点和常闭式触点及转换（交替）触点，其工作原理是电磁铁通电吸合衔铁，通过杠杆动作达到触点之间的接触或分离。继电器的实物及图形符号如图 1-5-11 所示。

　　（6）时间继电器　时间继电器是一种利用电磁原理或机械原理实现延时控制的控制电器。时间继电器的图形符号如图 1-5-12 所示。

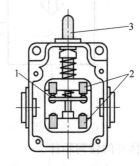

图 1-5-10　直动式行程开关

1—动触点　2—静触点　3—推杆

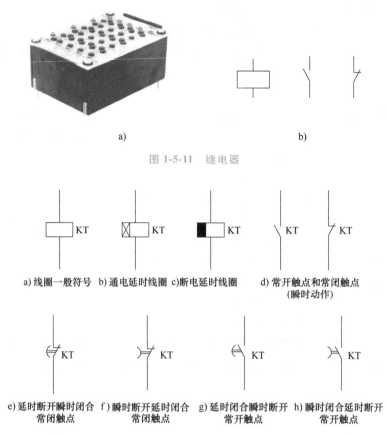

图 1-5-11　继电器

a)线圈一般符号　b)通电延时线圈　c)断电延时线圈　　d)常开触点和常闭触点
(瞬时动作)

e)延时断开瞬时闭合　f)瞬时断开延时闭合　g)延时闭合瞬时断开　h)瞬时闭合延时断开
　常闭触点　　　　　　常闭触点　　　　　　常开触点　　　　　　常开触点

图 1-5-12　时间继电器

3. 传感器

（1）电感式传感器（图 1-5-13）　其感测距离较小（0~8mm），一般用于测量金属物体。

（2）电容式传感器（图 1-5-14）　其感测距离较电感式大（8mm 左右），可测任何材质的物体。

图 1-5-13　电感式传感器　　　　　　　　　图 1-5-14　电容式传感器

（3）光电式传感器（图 1-5-15）　其感测距离较大（50~60cm），灵敏度高，可测除黑色物体外的任何物体。

（4）电磁式传感器（图 1-5-16）　电磁式传感器多采用半导体元件，使用可靠性较高，应用较广。

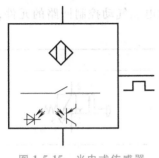

图 1-5-15　光电式传感器

图 1-5-16　电磁式传感器

【课堂工作页】

1. 请你根据图 1-5-2 对压装装置气动回路进行工作分析。

1）初始位：_____

_____

2）气缸 1A1 伸出路径：当按下手控阀 1S1 后，_____

_____

_____

_____

_____

3）气缸 1A1 缩回路径：

① 行程缩回路径：_____

_____

② 压力延时缩回路径：_____

_____

4）请你补充完成图 1-5-2 所示压装装置中部分元器件的作用。

编号	数量	名称	在回路中的作用
1S1,1S2	2	3/2 手控阀	
1S3,1S4	2	3/2 行程阀	
1V1,1V5	1	梭阀	
1V2	1	3/2 单气控阀	
1V3	1	压力顺序阀	控制执行元件动作顺序
1V4	1	延时阀	
1V6	1	5/2 双气控阀	
1V7	1	单向节流阀	单向调速，控制流量

5）请你补充完成本次回路改装功能要求需要选用的电、气动控制回路的元件，并完成主要电、气动元件的图形符号。

主要电、气动元件	数量	图形符号
常开阀		
延时阀		

2. 在本次回路设计中，涉及传感器的应用，请你结合所学绘出传感器的图形符号，并描述其使用特性，完成下面内容的补充。

类型	图形符号	使用特性
电感式传感器		
电容式传感器		
光电式传感器		
电磁式传感器		

学习任务二 压装装置电、气动回路设计

【课堂工作页】

1. 请你和同伴思考分析一下，图 1-5-2 所示压装装置气动回路中部分元器件可以用什么电器元件替代？简单说说原因。

原有元件	可替换元件	原因
1S1		
1S2		
1V4		
1S3		
1S4		

2. 设计压装装置电、气控制回路。

按照客户要求，"根据散货压装装置的工作原理，进行散货压装装置气动回路的电、气动改装设计"，请你和小组成员按要求完成本次回路改装，画出你的解决方案（气动回路和电气回路）。

① 气动回路：

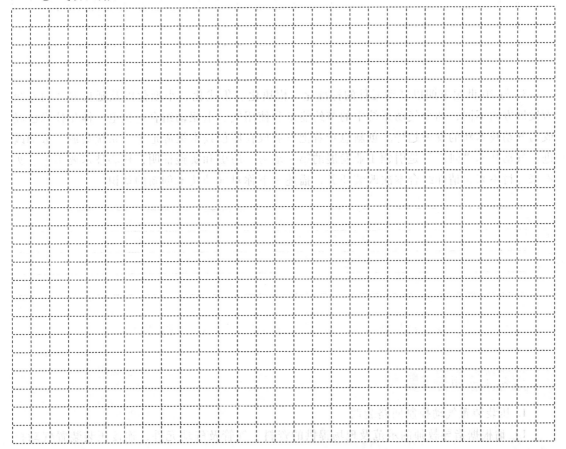

② 电气回路：

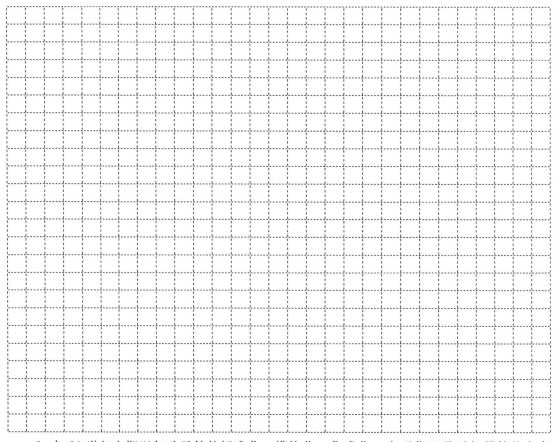

3. 与 20 世纪末期以气动元件的标准化、模块化、集成化、小型化以及延长器件的寿命为发展方向不同，如今气动系统中的节约能量和使用气、电驱动组合的机电一体化技术已经成为气动技术新的发展趋势。创新意味着把发展放在原创技术策源地上，系统集成、吸纳改进。气动技术"创新"是引领工业发展的第一动力，历史和实践证明，核心技术要不来、买不来、讨不来，请你结合本次改装任务，描述一下你对气动技术创新的认识。

_____

_____

_____

_____

学习任务三　压装装置电、气动回路装调

【课堂工作页】

1. 压装装置气动控制回路装调。

1）请根据指导教师的示范及现场提供的资料、气管及气动元件，连接压装装置气动控

制回路，正确组装和调试设备。请你根据气动控制回路，按下列步骤完成调试（完成相关步骤后，请核实并在"检查结果"列标注"√"）。

序号	检查要点	元器件名称	检查结果
1	气泵电源是否正确连接、电源是否开启	气泵插头、气泵电源开关	
2	气泵是否正常供气	压力表	
3	气源处理装置气源开关是否关闭	气源开关	
4	气源处理装置是否正确选择分路气管	分气块	
5	控制阀是否正确选择及安装	控制阀见下表	
6	执行气缸是否正确选择及安装	双作用气缸	
7	安装完毕是否请指导教师检查	气路连接	
8	是否开启气源处理装置气源开关	气源开关	
9	是否正确组装和调试设备	功能结果	

序号	编号	数量	名称	检查结果
1	1S1,1S2	2	3/2 手控阀	
2	1S3,1S4	2	3/2 行程阀	
3	1V1,1V5	1	梭阀	
4	1V2	1	3/2 单气控阀	
5	1V3	1	压力顺序阀	
6	1V4	1	延时阀	
7	1V6	1	5/2 双气控阀	
8	1V7	1	单向节流阀	

完成以上任务后，请与指导教师交流。

2）正确完成压装装置气动回路装调后，请进行工位的整理。完成相关步骤后，请在前面方框内标注"√"。

□ 关闭气源处理装置气源。

□ 拔出所用气管，并放置在规定位置。

□ 整理所用气动元件，并放置在规定位置。

□ 实验桌椅摆放到位。

2. 压装装置电、气动控制回路装调。

1）请根据指导教师的示范及现场提供的资料、气管、导线，以及电、气动元件，连接自己设计的压装装置电、气动控制回路，正确组装和调试设备。请你根据电、气动回路，正确选择电、气动元件，按下列步骤完成调试（完成相关步骤后，请核实并在"检查结果"列标注"√"）。

序号	检查要点	元器件名称	检查结果
1	气泵电源是否正确连接、电源是否开启	气泵插头、气泵电源开关	
2	气泵是否正常供气	压力表	
3	气源处理装置气源开关是否关闭	气源开关	

（续）

序号	检查要点	元器件名称	检查结果
4	气源处理装置是否正确选择分路气管	分气块	
5	电源模块是否正确连接	稳压电源	
6	电源模块是否正常供电	指示灯	
7	电源模块开关是否关闭	稳压电源开关	
8	电气模块是否正确连接电源	开关、继电器模块	
9	控制阀是否正确选择及安装	控制阀	
10	电器元件是否正确选择及安装	电器元件	
11	执行气缸是否正确选择及安装	双作用气缸	
12	安装完毕是否请指导教师检查	气路连接	
13	是否开启气源处理装置气源开关	气源开关	
14	是否正确组装和调试设备	功能结果	

2）请你补充完成改装设计使用的控制阀及元器件，并完成调试检查。

序号	编号	名称	检查结果

完成以上任务后，请与指导教师交流。

3）正确完成压装装置气动回路及电、气动回路装调后，请进行工位的整理。完成相关步骤后，请在前面方框内标注"√"。

□ 关闭气源处理装置气源开关。

□ 关闭稳压电源开关。

□ 拔出所用气管，并放置在规定位置。

□ 整理所用气动元件，并放置在规定位置。

□ 拔出所用导线，并放置在规定位置。

□ 整理所用电器元件，并放置在规定位置。

□ 实验桌椅摆放到位。

3. 在回路装调过程中，你遇到了哪些问题？你是如何解决的？

问题描述	解决方法

模块二

液压传动

液压系统安全操作规程

熟悉并掌握实验系统的结构、性能、操作方法，以及使用这些设备时应遵守的安全技术规程：

1）学员实践培训前必须进行安全、文明生产教育，经考核合格后方可进行培训。

2）进入实验室前，要穿戴好工作服及绝缘鞋，女学员要戴好工作帽，否则不允许参加实践培训。

3）学员要严格遵守"液压实训室管理制度"。

4）操作注意事项：

① 工作前先检查液压系统压力是否符合要求，再检查各控制阀、按钮、开关、阀门、限位装置等是否灵活可靠，确认无误后方可开始工作。

② 开机前应先检查各紧固件是否牢靠，各运转部分及滑动面有无障碍物，限位装置及各个插头是否连接完好等。

③ 液压缸活塞发现抖动或液压泵发生尖锐声响，或工作中出现异常现象时应立即按下急停按钮，停机检查、排除故障后方可再工作。

④ 工作完毕后应先关闭工作液压泵，再关闭控制系统，切断电源，擦净设备并做好实验记录。

⑤ 严禁乱调调节阀及压力表，应定期校正压力表。

⑥ 保证液压油液不污染，不泄漏，工作油温度不得超过 45℃。

5）严禁把实验室内的仪器、仪表、配件、模块等带出实验室。

6）必须按有关规定，正确使用仪器、仪表及设备，不得擅自动用实验室与实验无关的其他物品。

7）实训指导教师要如实记录实验过程中的相关内容，对损坏的仪器、仪表及设备要及时上报，按有关规定执行。

8）实验结束后应及时做好各工位和室内的卫生等工作，经实训指导教师检查合格后方可离开。

9）实训指导教师是实践操作的第一安全责任人，要做好安全教育和检查指导工作。

液压千斤顶回路的识读与装调

【知识要求】

1）能说出液压技术的基本应用。
2）能说出液压缸的工作原理。
3）了解单向控制阀的基础原理。
4）了解液压千斤顶回路的工作过程。

【能力要求】

1）具有正确选用液压缸的能力。
2）能正确选择单向控制阀。
3）能根据任务要求，设计简单的压力控制回路。
4）能完成液压千斤顶回路的安装和调试。

【素质要求】

1）遵守现场操作的职业规范，具备安全、整洁、规范实施工作任务的能力。
2）具有安全操作意识，以及发现问题和解决问题的能力。
3）以积极的态度对待训练任务，具有团队交流和协作能力。
4）树立建设工业强国的责任担当意识。

【项目情境描述】

如图 2-1-1 所示，液压千斤顶体积小巧，却可以将人力放大到足够抬起沉重的汽车，液压千斤顶的撑顶能力强，重型液压千斤顶顶撑力超过 100t。究其根源主要是液压千斤顶所采用的放大力的工作原理与杠杆不同。它是怎样将力传递放大的呢？本项目将探究液压千斤顶的工作原理，搭建一个简易的液压千斤顶回路。液压千斤顶是指采用柱塞或液压缸作为刚性顶举件的千斤顶。

项目要求：根据液压千斤顶的工作原理，抄绘千斤顶液压回路，并在实验台上完成搭建和调试。

安全事项：

为了避免在项目实施过程中引起人员受伤和设备损坏，请遵守以下内容：

1）元件要轻拿轻放，不能掉下，以防伤人。注意：毛刺、沾油元件容易脱手。

图 2-1-1　液压千斤顶

2）元件连接要确保可靠。

3）回路搭建完成，须经指导教师确认无误后，方可起动回路。

4）不要在实验台上放置无关物品。

5）安全用电，保证在断电情况下插线、拔线。

学习任务一　液压系统认知

1 液压传动
基础知识

一、液压传动系统原理分析

　　液压传动系统一般由液压动力元件（液压泵）、液压控制元件（各种液压阀）、液压执行元件（液压缸和液压马达等）、液压辅件（管道和蓄能器等）和液压油组成。液压泵把机械能转换成液体的压力能，液压控制阀和液压辅件控制液压介质的压力、流量和流动方向，将液压泵输出的压力能传递给执行元件，执行元件将液体压力能转换为机械能，以完成要求的动作。液压传动与气压传动一样，是以流体（液压油）为工作介质进行能量传递和控制的一种传动形式。

　　图 2-1-2 所示为液压千斤顶的工作原理示意图，工作原理如下：

　　吸油过程：提起杠杆手柄 1 使小活塞向上移动，小液压缸 2 下端油腔容积便增大，形成局部真空，这时排油单向阀 3 关闭，吸油单向阀 4 打开，放油阀 8 关闭，通过吸油管从油箱中吸油。

　　压油和重物举升过程：用力压下杠杆手柄 1，小活塞下移，小液压缸 2 下腔压力升高，放油阀 8 关闭，吸油单向阀 4 关闭，排油单向阀 3 打开，下腔的油液经油管 9 进入大液压缸 11 的下腔，使得大液压缸 11 活塞向上移动，顶起重物。

　　重物落下过程：再次提起杠杆手柄吸油时，排油单向阀 3 关闭，使油液不能倒流，从而保证重物不会自行下落。不断地往复搬动杠杆手柄，就可以不断地把油液压入大液压缸 11 下腔，使重物逐渐上升。如果打开放油阀 8，大液压缸 11 下腔的油液通过油管 10、放油阀 8 流回油箱，大液压缸 11 活塞在重力的作用下向下移动，返回原位。

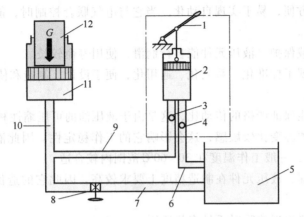

图 2-1-2　液压千斤顶的工作原理示意图

1—杠杆手柄　2—小液压缸（油腔）　3—排油单向阀　4—吸油单向阀　5—油箱
6、7、9、10—油管　8—放油阀　11—大液压缸（油腔）　12—重物

二、液压传动系统组成分析

一个完整的液压系统由以下五部分组成：

1. 动力元件

动力元件供给液压系统压力油，将原动机输出的机械能转换为油液的压力能（液压能）。其能量转换元件为液压泵。

2. 执行元件

执行元件将液压泵输入的油液压力能转换为带动工作机构运动的机械能，以驱动工作部件运动。执行元件有液压缸和液压马达。

3. 控制元件

控制元件用来控制和调节油液的压力、流量和流动方向。控制元件有各种压力控制阀、流量控制阀和方向控制阀等。

4. 辅助元件

辅助元件用来将前面三个部分连接在一起，组成一个系统，起储油、过滤、测量和密封等作用，以保证液压系统可靠、稳定、持久地工作。辅助元件有管路、接头、油箱、过滤器、蓄能器、密封件和控制仪表等。

5. 工作介质

工作介质是指传递能量的流体，常用的是液压油。

三、液压传动的优点和缺点

1. 液压传动的优点

1）液压传动装置运动平稳、反应快、惯性小，能高速起动、制动和换向。

2）在同等功率的情况下，液压传动装置体积小、重量轻、结构紧凑。

3）液压传动装置能在运行中方便地实现无级调速，且调速范围最大可达 1：2000（一般为 1：100）。

4）操作简单、方便，易于实现自动化。当它与电气联合控制时，能实现复杂的自动工作循环和远距离控制。

5）易于实现过载保护。液压元件能自行润滑，使用寿命较长。

6）液压元件实现了标准化、系列化、通用化，便于设计、制造和使用。

2. 液压传动的缺点

1）液压传动不能保证严格的传动比，这是由于液压油的可压缩性和泄漏造成的。

2）液压传动对油温变化较敏感，这会影响它的工作稳定性。因此液压传动不宜在很高或很低的温度下工作，一般工作温度在 30~60℃ 范围内较合适。

3）为了减少泄漏，液压元件在制造精度上要求较高，因此它的造价高，且对油液的污染比较敏感。

4）液压传动装置出现故障时不易查找原因。

5）液压传动在能量转换（机械能→压力能→机械能）的过程中，特别是在节流调速系统中，其压力、流量损失大，故系统效率较低。

四、液压系统的图形符号

GB/T 786.1—2021《流体传动系统及元件 图形符号和回路图 第 1 部分：图形符号》用规定的图形符号来表示流体传动系统中的各元件和连接管路。对于这些图形符号有以下基本规定。

1）图形符号只表示元件的职能，连接系统的通路，不表示元件的具体结构和参数，也不表示元件在机器中的实际安装位置。

2）元件图形符号内的油液流动方向用箭头表示，线段两端都有箭头，表示流动方向可逆。

3）图形符号均以元件的静止位置或中间零位置表示，当系统的动作另有说明时，可作例外。

五、液压传动的应用

（1）一般工业用液压系统 塑料加工机械（注塑机）、压力机械（锻压机）、重型机械（废钢压块机）、机床（全自动转塔车床、平面磨床）等。

（2）行走机械用液压系统 工程机械（挖掘机）、起重机械（汽车起重机）、建筑机械（打桩机）、农业机械（联合收割机）、汽车（转向器、减振器）等。

（3）钢铁工业用液压系统 冶金机械（轧钢机）、提升装置（升降机）、轧辊调整装置等。

（4）土木工程用液压系统 防洪闸门及堤坝装置（浪潮防护挡板）、河床升降装置、桥梁操纵机构和矿山机械（凿岩机）等。

（5）发电厂用液压系统 涡轮机（调速装置）等。

（6）特殊技术用液压系统 巨型天线控制装置、测量浮标、飞机起落架的收放装置及方向舵控制装置、升降旋转舞台等。

（7）船舶用液压系统 甲板起重机械（绞车）、船头门、舱壁阀、船尾推进器等。

（8）军事工业用液压系统 火炮操纵装置、舰船减摇装置、飞行器仿真等。

【课堂工作页】

1. 请你根据左侧图片写出相应的液压应用实例，并在表格中补充其他的液压应用实例。

序号	名称
1	
2	
3	
4	

2. 请你结合液压传动系统组成分析，补充填写液压千斤顶的组成部分。

控制类别	名称
动力部分	液压泵
执行部分	
控制部分	
辅助部分	管路
传动介质	

3. 请写出液压传动的优点及缺点（至少3种）。

优点	缺点

4. 我国在重工业领域长期被国外"卡脖子"，如大型锻模液压机，直到2013年我国才实现自主研发8万t锻模液压机，《液压液力气动密封行业"十四五"发展规划纲要》明确指出：到"十四五"末期，80%以上的高端液压气动密封元（器）件及系统实现自主保障，受制于人的局面明显缓解。如何实现我国高端气动密封元（器）件100%的自主保障，需要大量工程技术人员的不懈努力。新时代的技术工作者只有胸怀忧国忧民之心、爱国爱民之情，才能准确定位自己的人生目标和奋斗方向。

作为未来的技术工作者，请你和小组成员讨论未来在工业技术领域的担当和使命。

【知识链接】

自 18 世纪末英国制成世界上第一台水压机起，液压传动技术已有二三百年的历史。然而，直到 20 世纪 30 年代它才真正地被推广使用。

1650 年，帕斯卡提出静压传递原理，1850 年，英国将帕斯卡原理先后应用于液压起重机、压力机。1795 年，英国约瑟夫·布拉曼在伦敦用水作为工作介质，以水压机的形式将液压技术应用于工业。1905 年，液压工作介质由水改为油，使液压传动效果进一步得到改善。第二次世界大战期间，一些兵器应用了功率大、反应快、动作准的液压传动和控制装置，大大提高了兵器的性能，也大大促进了液压技术的发展。战后，液压技术迅速转向民用，并随着各种标准的不断制定和完善，各类液压元件实现了标准化、规格化、系列化，在机械制造、工程机械、农业机械、汽车制造等行业中推广开来。20 世纪 60 年代后，原子能技术、空间技术、计算机技术、微电子技术等的发展再次将液压技术向前推进，使它在国民经济的各方面都得到了应用，已成为实现生产过程自动化、提高劳动生产率等必不可少的重要手段之一。

我国的液压工业开始于 20 世纪 50 年代，其产品最初只用于机床和锻压设备，后来才用到拖拉机和工程机械上。自从 1964 年从国外引进一些液压元件生产技术，并自行设计液压产品以来，我国的液压件已在各种机械设备上得到了广泛的使用。20 世纪 80 年代起，我国加速了对先进液压产品和技术的引进、消化、吸收和国产化工作，以确保我国的液压技术在产品质量、经济效益、研究开发等各个方面全方位地赶上世界水平。

当前智能制造行业快速发展，液压与气动技术也开启了"数智化"的时代，所涉及的领域也非常宽泛，如轻工业制造、冶金及汽车、工程机械、化工、医疗卫生等。

"十三五"期间，我国工程机械、大型锻压机械用高压、数字液压元件和系统，农业机械用静液压驱动系统等一批高端液压产品研发、生产取得重大突破，高端核级密封件系列产品实现国产替代。《液压液力气动密封行业"十四五"发展规划纲要》明确指出：到"十四五"末期，80% 以上的高端液压气动密封元（器）件及系统实现自主保障，受制于人的局面明显缓解，装备工业领域急需的液压气动密封元（器）件及系统得到广泛的推广应用。随着《中国制造 2025》倡议的推进，设备自动化、机器替代人工速度大大加快，在装备制造业领域，液压与气动技术起着非常重要的作用，推动了我国装备制造业的发展。

学习任务二　液压元件认识与选用

液压千斤顶由液压缸、单向阀、油箱、油管等组成，在本学习任务中，我们将一起认识液压缸及单向阀等液压元件，并完成液压缸及单向阀的选用。

一、认识液压元件

1. 液压源

液压源为液压设备提供所需能量。液压源由油箱、电动机、液压泵、安全阀、过滤器和冷却器等组成，但液压源上也可安装其他液压元件（如压力表和换向阀等）。液压源示意图如图 2-1-3 所示。

油箱用于储存液压设备工作所需的洁净油液，在油箱内，应将空气、水和颗粒杂质从油液中分离出来。

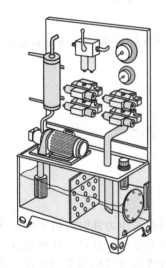
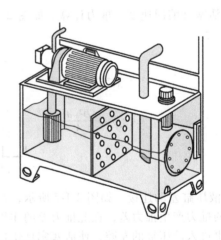

图 2-1-3　液压源示意图

油箱大小取决于实际应用情况，对于固定式液压系统，可将 3~5min 内液压泵输出流量作为确定油箱大小的依据；而对于移动式液压系统，油箱通常仅按系统所需最大油量来确定。

液压泵：将电动机或其他原动机输入的机械能转换为液体的压力能，向系统供油。

液压马达：将泵输入的液压能转换为机械能而对负载做功。

2. 液压缸

液压缸按其结构形式可以分成活塞缸、柱塞缸和摆动缸三类；按其作用方式可以分为单作用式液压缸和双作用式液压缸两大类。

2 认识液压缸

1）双作用单出杆活塞式液压缸，如图 2-1-4 所示。

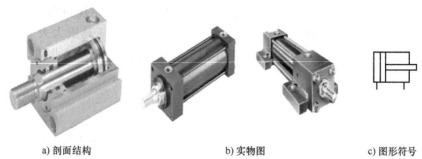

a) 剖面结构　　　　　　　　　b) 实物图　　　　　　　c) 图形符号

图 2-1-4　双作用单出杆活塞式液压缸

① 活塞杆伸出速度、推力计算。如图 2-1-5 所示，若泵输入液压缸的流量为 q，压力为 p，则当无杆腔进油时活塞运动速度 v_1 及推力 F_1 为

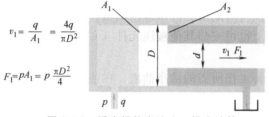

$$v_1 = \frac{q}{A_1} = \frac{4q}{\pi D^2}$$

$$F_1 = pA_1 = p\frac{\pi D^2}{4}$$

图 2-1-5　活塞杆伸出速度、推力计算

② 活塞杆缩回速度、推力计算。如图 2-1-6 所示，当有杆腔进油时活塞运动速度 v_2 及推力 F_2 为

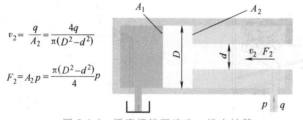

$$v_2 = \frac{q}{A_2} = \frac{4q}{\pi(D^2-d^2)}$$

$$F_2 = A_2 p = \frac{\pi(D^2-d^2)}{4}p$$

图 2-1-6　活塞杆缩回速度、推力计算

③ 液压缸差动连接。如图 2-1-7 所示，当缸的两腔同时通压力油时，由于作用在活塞两端面上的推力产生推力差，在此推力差的作用下，活塞向右运动，这时，从液压缸有杆腔排出的油也进入液压缸的左腔，使活塞实现快速运动，这种连接方式称为差动连接。这种两端同时通压力油，利用活塞两端面积差进行工作的单出杆液压缸也称为差动液压缸。

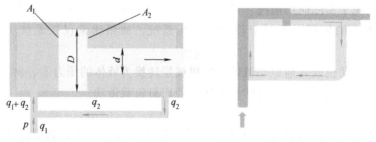

图 2-1-7　液压缸差动连接

差动连接通常用于需要快进、工进、快退运动的组合机床液压系统中。

2）双作用双出杆活塞式液压缸，如图 2-1-8 所示。

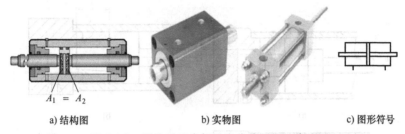

a) 结构图   b) 实物图   c) 图形符号

图 2-1-8 双作用双出杆活塞式液压缸示意图

① 安装形式与适用场合。双作用双出杆活塞式液压缸的活塞两端都带有活塞杆，分为缸体固定和活塞杆固定两种安装形式。双作用双出杆活塞式液压缸常应用于需要工作部件做等速往返直线运动的场合。

② 运动速度 v 和推力 F。由于双作用双出杆活塞式液压缸的两活塞杆的直径相等，当输入液压缸的流量和油液压力不变时，其往返的运动速度和推力相等。如图 2-1-9 所示，运动速度 v_3 和推力 F_3 为

$$v_3 = \frac{q}{A_1} = \frac{4q}{\pi(D^2 - d^2)}$$

$$F_3 = pA_1 = p\frac{\pi(D^2 - d^2)}{4}$$

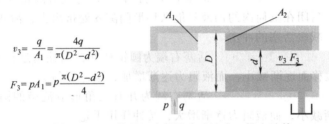

图 2-1-9 双作用双出杆活塞式速度、推力计算

3. 缓冲装置

在液压系统中，当运动速度较快时，由于负载及液压缸活塞杆本身的质量较大，造成运动时的动量很大，使活塞运动到行程末端时，易与端盖发生很大的冲击。这种冲击不仅会引起液压缸的损坏，而且会引起各类阀、配管及相关机械部件的损坏，具有很大的危害性。因此，在大型、高速或高精度的液压装置中，常在液压缸末端设置缓冲装置，使活塞在接近行程末端时，使回油阻力增加，从而减缓运动件的运动速度，避免活塞与液压缸端盖的撞击。液压缸内缓冲装置位置如图 2-1-10 所示。

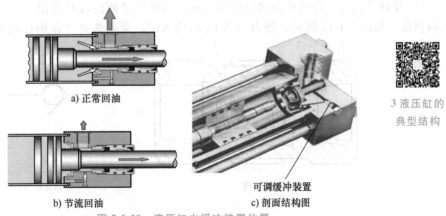

a) 正常回油

b) 节流回油   c) 剖面结构图

3 液压缸的
典型结构

图 2-1-10 液压缸内缓冲装置位置

常见的缓冲装置形式如图 2-1-11 所示。

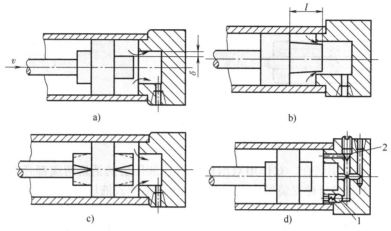

图 2-1-11　常见的缓冲装置形式
1—单向阀　2—节流阀

（1）圆柱形环隙式（图 2-1-11a）　活塞右端为圆柱塞，与端盖圆孔有间隙 δ，当柱塞运行至端盖圆孔内时，封闭在缸筒内的油液只能从环形间隙 δ 处挤出去，活塞就受到一个很大的阻力而减速制动，减缓活塞的冲击。

（2）圆锥形环隙式（图 2-1-11b）　活塞右端为圆锥柱塞，当柱塞运行至端盖圆孔内时，其间隙 δ 随活塞的位移而逐渐减小，而液阻力逐渐增加，缓冲均匀。

（3）可变节流槽式（图 2-1-11c）　活塞右端为开有三角形节流槽的圆柱塞，节流面积随柱塞的位移而逐渐减小，而液阻力逐渐增大，缓冲作用平稳。

（4）可调节流式（图 2-1-11d）　活塞端部圆柱塞进入端盖圆孔时，回油口被堵，无杆腔回油只能通过节流阀 2 回油，调节节流阀的开度，可以控制回油量，从而控制活塞的缓冲速度。当活塞反向运动时，压力油通过回油口、单向阀 1 很快进入右腔作用于整个活塞上。这种缓冲装置可根据负载情况调整节流阀的开度大小，改变缓冲压力的大小，因此适用范围广。

4. 方向控制阀

方向控制阀是控制液压系统中油液流动方向的，分为单向阀和换向阀两类，这里介绍单向阀。

单向阀的主要作用是控制油液的流动方向，使其只能单向流动。单向阀有普通单向阀和液控单向阀两种。

1）普通单向阀。普通单向阀简称单向阀，其作用是使油液只能沿一个方向流动，不许反向倒流。如图 2-1-12 所示，压力油从 P_1 口流入时，克服弹簧 3 作用在阀芯 2 上的力，使

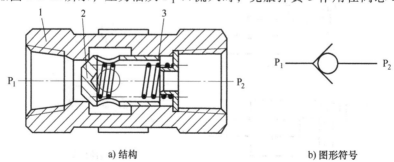

a) 结构　　　　　　　　　　　　　　　　　　b) 图形符号

图 2-1-12　普通单向阀
1—阀体　2—阀芯　3—弹簧

阀芯 2 向右移动，打开阀口，油液从 P_1 口流向 P_2 口。当压力油从 P_2 口流入时，液压力和弹簧力将阀芯压紧在阀座上，使阀口关闭，液流不能通过。

单向阀的弹簧主要用来克服阀芯的摩擦阻力和惯性力，使阀芯可靠复位，为了减小压力损失，弹簧刚度较小，一般单向阀的开启压力为 0.03~0.05MPa。如果换上弹簧刚度较大的弹簧，使阀的开启压力达到 0.2~0.6MPa，便可作为背压阀使用。单向阀的技术参数示例见表 2-1-1。

表 2-1-1　单向阀的技术参数示例

型号	通径/mm	压力/MPa	流量/(L/min)
DF、DIF	10,20,32,50,80	21~31.5	25~1200
S	6,8,10,15,20,25,30	31.5	10~260

2）液控单向阀。如图 2-1-13 所示。当控制口 K 不通压力油时，压力油只能从通口 P_1 流向通口 P_2，不能反向流动。当控制口 K 接通压力油时，活塞 1 右移通过顶杆 2 顶开阀芯 3，使通口 P_1 和 P_2 接通，油液可在两个方向自由流动。液控单向阀的最小控制压力约为主油路压力的 30%。

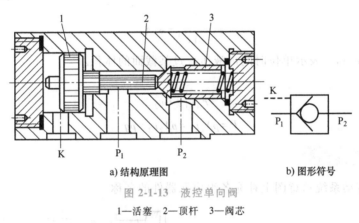

a) 结构原理图　　　　b) 图形符号

图 2-1-13　液控单向阀

1—活塞　2—顶杆　3—阀芯

液控单向阀比普通单向阀多了一种功能，即反向可控开启。液控单向阀的技术参数示例见表 2-1-2。

表 2-1-2　液控单向阀的技术参数示例

型号	通径/mm	压力/MPa	流量/(L/min)
DFY	10,20,32,50,80	21	25~1200
SV、SL	10,15,20,25,30	31.5	80~400

二、液压千斤顶压力控制

1. 液压缸内的压力

如图 2-1-2 所示，设小液压缸 2 和大液压缸 11 的面积分别为 A_1 和 A_2，则小液压缸 2 单位面积上受到的压力 $p_1 = F/A_1$，大液压缸 11 单位面积上受到的压力 $p_2 = G/A_2$。根据流体力学的帕斯卡定律——平衡液体内某一点的压力值能等值地传递到密闭液体内各点，则有

$$p_1 = p_2 = \frac{F}{A_1} = \frac{G}{A_2}$$

由液压千斤顶的工作原理得知，小液压缸 2 与单向阀 3、4 一起完成吸油与排油，将杠杆的机械能转换为油液的压力能输出。大液压缸 11 将油液的压力能转换为机械能输出，抬起重物。有了负载作用力，才产生液体压力。因此就负载和液体压力两者来说，负载是第一性的，压力是第二性的。液压传动装置本质是一种能量转换装置。在这里大液压缸 11 和小液压缸 2 组成了最简单的液压传动系统，实现了力和运动的传递。

2. 力的传递

$$p = \frac{G}{A_2}$$

$$F_1 = pA_1 = \frac{A_1}{A_2}G$$

3. 运动的传递

$$v_1 A_1 = v_2 A_2$$

或

$$v_2 = \frac{A_1}{A_2}v_1 = q/A_2$$

式中，$q = v_1 A_1 = v_2 A_2$，表示单位时间内液体流过某截面的体积。

4. 功率关系

$$F_1 v_1 = G v_2$$

$$P = pA_1 v_1 = pA_2 v_2 = pq$$

【课堂工作页】

1. 在液压传动系统示意图上补充各组成元器件的名称。

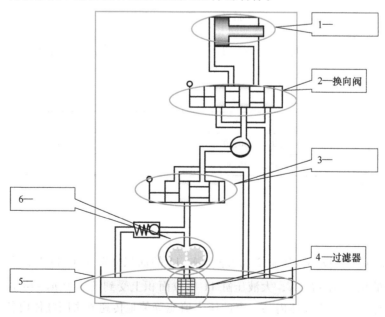

2. 请你与小组成员讨论后，补充完成上述各元器件的作用。

序号	元器件的作用
1	
2	
3	
4	过滤液压系统中出现各种杂质
5	
6	

3. 请你根据下图描述单向阀的操作。

_____

_____

4. 计算下图三种工况下单杆活塞缸的推力和速度。

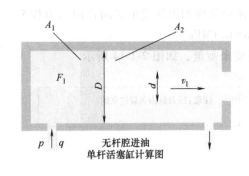

无杆腔进油
单杆活塞缸计算图

$F_1 =$

$v_1 =$

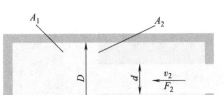 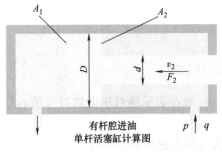

有杆腔进油
单杆活塞缸计算图

$F_2 =$

$v_2 =$

（续）

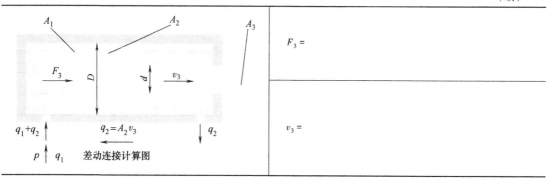 差动连接计算图	$F_3 =$ $v_3 =$

比较一下三种进油方式的推力、速度，记录下你的发现。

_____

_____

_____

_____

【知识链接】

1. 液体状态术语定义

（1）密度 ρ 单位体积内所含液体的质量称为密度，单位为 kg/m^3，其计算公式为

$$\rho = \frac{m}{V}$$

（2）压力 p 液体处于静止或相对静止时，液体单位面积上所受的法向作用压力称为压力。常用单位换算关系：$1bar = 1.02kgf/cm^2 = 10^5 Pa = 0.1MPa$。

压力可用绝对压力、相对压力、表压力和真空度来衡量，如图 2-1-14 所示。

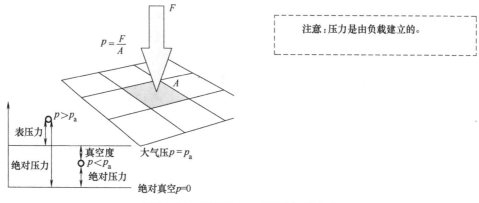

注意：压力是由负载建立的。

图 2-1-14 绝对压力、表压力和真空度

1）绝对压力是指以绝对真空作为起点的压力值。一般在表示绝对压力的符号的右下角标注 "ABS"，即 p_{ABS}。

2）相对压力是指以大气压力为基准测得的高出大气压力的那部分压力。

3）表压力是指高出当地大气压力的压力值。由压力表测得的压力值即为表压力。工程

计算中，常将当地大气压力用标准大气压力 p_a 代替，即令 $p_a = 101325Pa$。

4）真空度是指低于当地大气压力的压力值。真空度=大气压力-绝对压力。

5）真空压力是指绝对压力与大气压力之差。真空压力在数值上与真空度相同，但应在其数值前加负号。

2. 液压元件的图形符号规定和说明

1）GB/T 786.1—2021 规定的液压元件图形符号，主要用于绘制以液压油为工作介质的液压系统原理图。

2）液压元件的图形符号应以元件的静态或零位来表示；当组成系统的动作另有说明时，可作例外。

3）在液压传动系统中，液压元件若无法采用图形符号表达时，允许采用结构简图表示。

4）元件的图形符号只表示元件的职能和连接系统的通路，不表示元件的具体结构和参数，也不表示系统管路的具体位置和元件的安装位置。

5）元件的图形符号在传动系统中的布置，除有方向性的元件符号（油箱和仪表等）外，可根据具体情况水平或竖直绘制。

6）元件的名称、型号和参数（如压力、流量、功率和管径等）一般应在系统图的元件表中标明，必要时可标注在元件符号旁边。

7）GB/T 786.1—2021 中未规定的图形符号，可根据本标准的原则和所列图例的规律性进行派生。当无法直接引用和派生时，或有必要特别说明系统中某一重要元件的结构及动作原理时，均允许局部采用结构简图表示。

8）元件图形符号的大小以清晰、美观为原则，根据图样幅面的大小斟酌处理，但应保证图形符号本身的比例。

学习任务三　液压千斤顶回路识读

【课堂工作页】

1. 请你结合所学写出液压千斤顶结构图中各元件的名称。

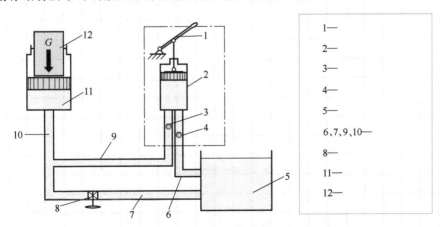

1—
2—
3—
4—
5—
6、7、9、10—
8—
11—
12—

2. 下表中为液压千斤顶液压回路涉及的部分元件，请你查询资料，补充完成下表。

名称	图形符号	说明	作用
液压泵		一般符号	液压泵是将电动机(或其他原动机)输出的机械能转换为液体压力能的能量转换装置
液压缸		单杆活塞缸	
		一般符号	油箱的主要作用是储存液压系统所需的足够油液,散发油液中的热量,分离油液中的气体及沉淀污物
单向阀		一般符号	
		可调节流阀	节流阀是借助于控制机构使阀芯相对于阀体孔运动,改变阀口过流面积的阀

3. 抄绘千斤顶液压系统回路。

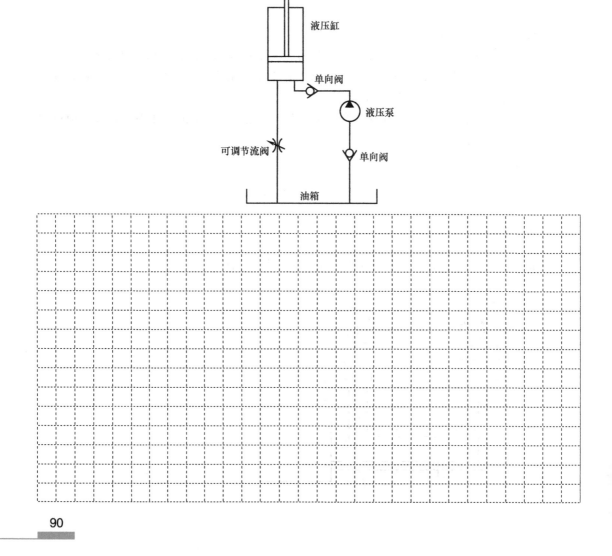

学习任务四　液压千斤顶回路装调

【课堂工作页】

1. 请你查询资料，比较企业与学校实验室在液压安全操作规程方面的主要异同，并填写下表。

企业生产场所关于液压的安全操作规程（列出你认为具有代表性的，至少 3 条）	
学校实验室关于液压的安全操作规程（列出你认为具有代表性的，至少 3 条）	
相同点	
不同点	

2. 在实验台上搭建液压千斤顶回路，并完成调试。完成相关步骤后，请在前面的方框内标注"√"。

□ 选择本次任务所需元件。

□ 根据液压千斤顶液压回路，将所需元件牢固地安装在铝合金底板上。

□ 检查并确保所有油管已正确连接。

□ 经指导教师确认安装无误后，先启动电源，然后再起动液压泵。

□ 按照任务要求，对所搭建的液压回路进行调试。

□ 先关闭液压泵，然后再关闭电源。

□ 在拆卸回路前，需确保液压元件中的压力已释放，注意只能在零压力下拆除安装。

□ 清理工位。

【注意】

1）当液压泵开启时，液压缸可能会意外伸出。

2）在操作过程中，不能超过液压系统最大容许工作压力。

3）记录你在装调控制回路中出现的问题，请说明问题产生的原因和排除方法。

问题	
原因	
排除方法	

【知识链接】

1. 制造加工类企业液压工安全操作规程

1）上岗前按规定穿戴好劳动保护用品。

2）接班后，应对液压站内设备阀门、防爆灯、通风设施、灭火器、氧气报警仪的安全性能进行检查，发现问题及时处理。

3）进入受限空间的液压站必须检查打开通风设施，通风 15~30min 后，人站在楼梯口观察氧气含量报警仪数值是否处于报警状态，若报警应及时撤离，等氧气含量到达安全值后再进入。

4）熟练掌握消防的基本知识和灭火器的使用方法，保证灭火器处于良好状态。

5）班中应确保液压泵房禁火标志明显、空气畅通，严禁非工作人员入内。

6）设备检修、维护、保养需动明火时，应向工段汇报，把管路残留油彻底清理干净，制订防火措施后，办理动火许可证，并监督安全防火措施的有效落实。严禁在液压站、稀油站内吸烟、乱接电器设备、私自动明火或乱拉乱扯电线。

7）作业中对使用或废弃的油棉纱、手套等物，应随身带走，不得在室内存放任何能够导致火灾发生的易燃易爆物品。

8）清理油箱时，必须有人在外监护，清理人员必须定时更换，并保持油箱内空气流通，预防中毒。

9）加油时，地面上洒漏的油品要及时清除干净，液压泵系统的油品渗漏要及时擦拭和设立接油盒，以免地面油污造成人员滑倒摔伤。

10）检修液压设备及更换软管时，首先确认系统有无压力，泄压后方可进行工作。在拆卸的同时，人的站位要避开油液可能喷射的方向。

11）检修时，对可能下滑或摆动的设备，必须采取支撑措施后方可进行。

12）对蓄能器气囊等备件，要进行全面严格的检查，确认无误后方准使用。在给蓄能器打压的过程中，检修人员应远离蓄能器，待压力稳定 5min 后方可进行检漏。

13）冬季管道、阀门油凝固时，禁止用明火烤，可用蒸汽或热水加温后清除。

14）确保液压站内安装的照明防爆灯具安全有效，严禁用普通灯具代替使用。

15）车间巡检应执行安全确认，站位得当，随时注意生产中的设备走向及天车吊物运行状况，发现不安全情况及时躲避。

16）严格执行液压泵技术操作规程，勤检查、调整，保证供油压力稳定。

17）发生着火事故后，立即向领导汇报，同时采取有效措施控制事故的扩大。

2. 学校液压实验室学生安全操作规程

1）学生进入实验室必须保持安静，并按指导教师的安排就位，不得随意走动或改变位置。

2) 实验进行前，按照实验教材的要求检查仪器设备是否齐全、完好，发现问题立刻告知指导教师，确保实验顺利进行。

3) 实验过程中，必须严格按照指导教师的要求和实验步骤进行操作，时刻注意用电安全，按要求合分电源开关，遇到问题举手示意，不得随意走动。自己设计的实验必须经指导教师的同意后方可进行操作。

4) 实验完毕，请及时关闭实验桌和仪器设备的电源，将仪器设备和电源整理好，并填好学生实验登记表，请指导教师签字验收后方可离开。

5) 保持实验室的仪器设备安全和环境卫生是每个学生应尽的义务，在实验完毕后，实验学生必须清理在实验室中留下的一切废物，使下一个实验能顺利进行。

6) 进入实验室后，不得随意翻动元件柜内的任何物品，否则，若发生丢失、损坏等情况将追究其责任。严禁把实验室内的仪器、仪表、配件、模块等带出实验室。

7) 操作注意事项：

① 工作前先检查液压系统压力是否符合要求，再检查各控制阀、按钮、开关、阀门、限位装置等是否灵活可靠，确认无误后方可开始工作。

② 开机前应先检查各紧固件是否牢靠，各运转部分及滑动面有无障碍物，限位装置及各个插头是否连接完整等。

③ 液压缸活塞发生抖动或液压泵发生尖锐声响，或工作中出现异常现象应立即按下急停按钮，停机检查、排除故障后方可再工作。

④ 工作完毕应先关闭液压泵，再关闭控制系统，切断电源，擦净设备并做好实验记录。

⑤ 严禁乱调调节阀及压力表，应定期校正压力表。

⑥ 保证液压油液不污染，不泄漏，工作油温度不得超过 45℃。

翻斗车自动卸料装置液压回路的设计与装调

【知识要求】

1）能说出液压马达的工作原理。

2）了解换向阀的基础原理。

3）熟悉不同换向阀的原理和作用。

4）了解翻斗车自动卸料装置液压回路的工作过程。

【能力要求】

1）具有正确选用执行元件的能力。

2）能正确选择方向控制阀。

3）能根据任务要求，设计简单的方向控制回路。

4）能完成翻斗车自动卸料装置液压回路的安装和调试。

【素质要求】

1）遵守现场操作的职业规范，具备安全、整洁、规范实施工作任务的能力。

2）要有拼搏精神，逆境时不放弃。

3）以积极的态度对待训练任务，具有团队交流和协作能力。

4）要理论联系实际，具体问题具体分析。

【项目情境描述】

如图 2-2-1 所示，翻斗车自动卸料装置在工程机械行业里有广泛的应用，其举升系统是一种静压力传动系统，它的特点是油液的流速不快，但是压力比较高，其主要结构由动力元件、控制元件、执行元件、辅助元件以及工作介质等部分组成。并且它的工作原理也非常简单，相当于一个放大版的液压千斤顶，自卸汽车是利用本车发动机动力驱动液压举升机构，将其车厢倾斜一定角度卸货，并依靠车厢自重使其复位的专用汽车，具体是怎么样实现的呢？本项目将探究翻斗车液压系统的工作原理，搭建一个翻斗车液压系统回路。

项目要求：根据卸料的工作原理，抄绘液压回路，并在实验台上完成搭建和调试。

安全事项：

为了避免在项目实施过程中引起人员受伤和设备损坏，请遵守以下内容：

1）元件要轻拿轻放，不能掉下，以防伤人。注意：毛刺、沾油元件容易脱手。

2）元件连接要确保可靠。

图 2-2-1 翻斗车自动卸料装置

3）回路搭建完成，须经指导教师确认无误后，方可启动回路。

4）不要在实验台上放置无关物品。

5）安全用电，保证在断电情况下插线、拔线。

学习任务一 液压元件认知与选用

自卸车液压举升系统是一种静压力传动系统，它的特点是油液的流速不快，但是压力比较高，其主要元件由动力元件、控制元件、执行元件、辅助元件以及工作介质等部分组成，如图 2-2-2 所示，在本学习任务中，我们将一起认识液压马达、换向阀等液压元件，并完成执行元件及换向阀的选用。

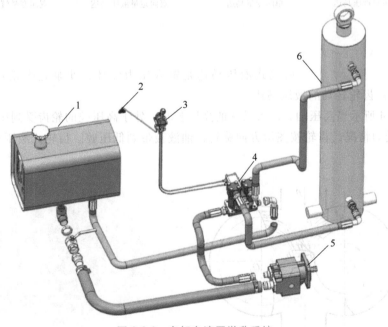

图 2-2-2 自卸车液压举升系统

1—油箱 2—主气源 3—操纵阀 4—换向阀 5—液压泵 6—液压缸

一、液压马达

1. 液压马达的特点及分类

液压马达是一种液压执行机构，它将液压系统的压力能转化为机械能，以旋转的形式输出转矩和角速度。液压马达按其额定转速分为高速和低速两大类，额定转速高于 500r/min 的属于高速液压马达，额定转速低于 500r/min 的属于低速液压马达。

高速液压马达的基本形式有齿轮式、螺杆式、叶片式和轴向柱塞式等。它们的主要特点是转速较高、转动惯量小，便于起动和制动，调速和换向的灵敏度高。通常高速液压马达的输出转矩不大（仅几十牛·米到几百牛·米），所以又称为高速小转矩液压马达。

高速液压马达的基本形式是径向柱塞式，例如单作用曲轴连杆式、液压平衡式和多作用内曲线式等。此外在轴向柱塞式、叶片式和齿轮式中也有低速的结构形式。低速液压马达的主要特点是排量大、体积大、转速低（有时可达每分钟几转甚至零点几转），因此可直接与工作机构连接，不需要减速装置，使传动机构大为简化，通常低速液压马达输出转矩较大（可达几千牛·米到几万牛·米），所以又称为低速大转矩液压马达。

液压马达按调节方式分为手动式和自动式，自动式又分为电控式、限压式、恒功率式、恒压式和恒流式等。液压马达的图形符号如图 2-2-3 所示。

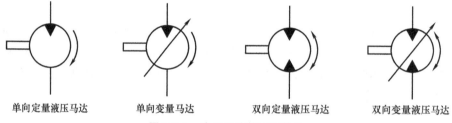

单向定量液压马达　　　　单向变量马达　　　　双向定量液压马达　　　　双向变量液压马达

图 2-2-3　液压马达的图形符号

2. 液压马达的工作原理

（1）齿轮式液压马达　齿轮式液压马达是输入压力流体，使泵壳内相互啮合的两个（或两个以上）齿轮转动的液压马达。

如图 2-2-4 所示当高压油 p 进入马达的高压腔时，处于高压腔的轮齿受到压力油的作用，根据它们的受力情况，齿轮按图示方向旋转，油液被带到低压腔。齿轮式液压马达实物图如图 2-2-5 所示。

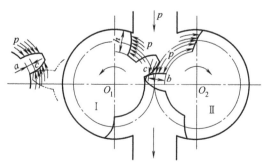

图 2-2-4　齿轮式液压马达的工作原理

图 2-2-5　齿轮式液压马达实物图

齿轮式液压马达的优点是结构简单，制造容易，成本低；缺点是密封性差，容积效率低，输出油液压力不能过高，不能产生较大转矩，转动脉动较大。齿轮式液压马达适用于高转速、低转矩的场合，一般用于钻床、工程机械、农业机械等对转矩均匀性要求不高的场合。

（2）叶片式液压马达　叶片式液压马达的工作原理如图2-2-6所示，位于高压腔的叶片1、3和叶片2、4都受高压液压力作用，但因叶片1、3的承压面积及合力中心的半径均比叶片2、4大，产生顺时针方向的合转矩带动外负载旋转。当改变输油方向时，液压马达反转。为了保证通入压力油之后，液压马达的转子能立即旋转起来，必须在叶片底部设置预紧弹簧，并将压力油通入叶片底部，使叶片能压紧在定子内表面上。

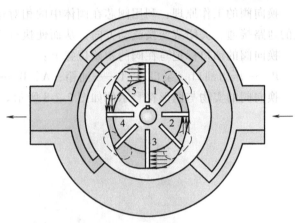

图 2-2-6　叶片式液压马达的工作原理
1~5—叶片

叶片式液压马达的转子惯性小，动作灵敏，可以频繁换向，但泄漏较大，效率较低。因此，叶片式液压马达适用于高速、转矩小、动作要求灵敏的工作场合。

（3）轴向柱塞式液压马达　轴向柱塞式液压马达的工作原理如图2-2-7所示，来自液压泵的液压油，经泵体进油口、配油盘向柱塞缸处于高压腔的柱塞孔配油，柱塞受高压液压油作用压向斜盘，产生径向分力，构成柱塞缸的旋转运动，通过传动轴来驱动工作装置做旋转运动。因配油盘的油腔是对称布置的，变换油流方向即能改变液压马达的转向。

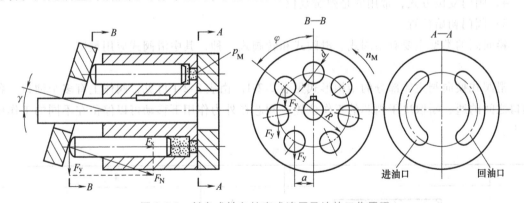

图 2-2-7　斜盘式轴向柱塞式液压马达的工作原理

柱塞式液压马达具有结构紧凑、体积小、重量轻、工作压力高、效率高等优点，适用于负载要求速度大，有变速要求的中高速小转矩场合，如工程机械、起重运输、建筑机械与机床、船舶等各类机械。

二、换向阀

方向控制元件的作用是控制油液的流动方向，主要应用于方向控制回路中。

5 换向阀

方向控制回路用来控制液压系统各油路中液流的接通、切断或变向，从而使各执行元件实现起动、停止或换向等一系列动作。

方向控制元件包括单向阀和换向阀。

换向阀的工作原理：利用阀芯在阀体中的相对运动改变阀芯和阀体间的相对位置，使液流的通路接通、关闭或变换流动方向，从而使执行元件起动、停止或改变运动方向。

换向阀的油口标记写在阀的初始位置上：

P——压力油口（泵口）；T——油箱；A、B——使用装置的接口。

换向阀的实物与图形符号示例如图 2-2-8 所示。

 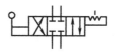

a)   b)

图 2-2-8   换向阀的实物与图形符号示例

例如，图 2-2-8b 所示的三位四通手动换向阀，从其名称和图形符号能够了解以下几点：

1）位数，指阀芯能够实现的工作位置数目，用粗实线方框表示。

2）通路数，指换向阀的主油路通路数（不含控制油路和泄油路），即对外接口数。

3）阀门控制方式，包括手动、机动、电磁、液动、电液动和气动等。

4）阀门复位方式，常用的是弹簧复位。

5）阀门初始位置。

换向阀的类型主要有座阀式、滑阀式和转阀式三种，其中滑阀式应用最广。

1. 滑阀式换向阀的主体结构形式

滑阀式换向阀主体部分的结构形式见表 2-2-1。由表 2-2-1 可见，阀体上有多个油口，各油口之间的通、断取决于阀芯的工作位置，阀芯在外力作用下移动可以停留在不同的工作位置上。

表 2-2-1   滑阀式换向阀主体部分的结构形式

名称	结构原理	图形符号	使用场合
二位二通阀			控制油路的接通与切断（相当于一个开关）
二位三通阀			控制液流方向（从一个方向变换成另一个方向）

（续）

名称	结构原理	图形符号	使用场合		
二位四通阀	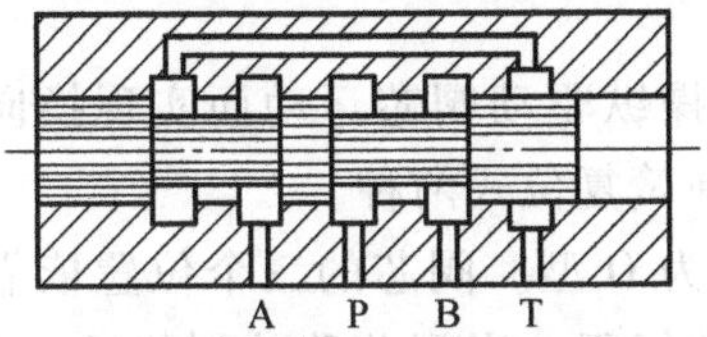	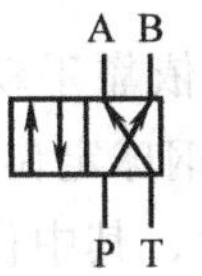	控制执行元件换向	不能使执行元件在任一位置上停止运动	执行元件正反向运动时回油方式相同
三位四通阀	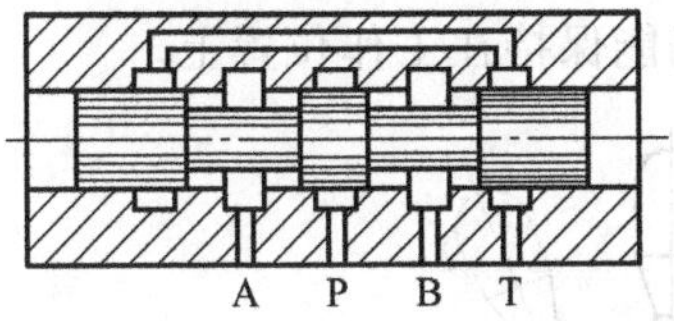	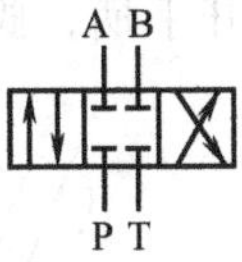		能使执行元件在任一位置上停止运动	
二位五通阀	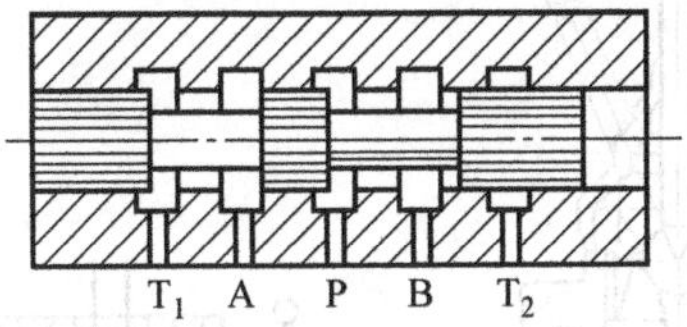	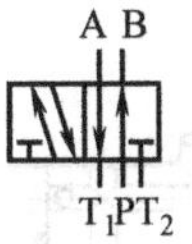		不能使执行元件在任一位置上停止运动	执行元件正反向运动时回油方式不同
三位五通阀	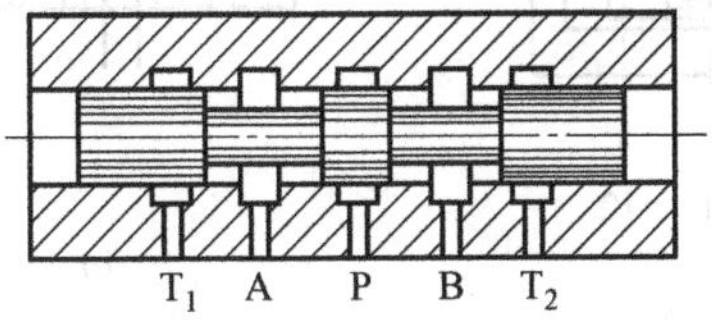	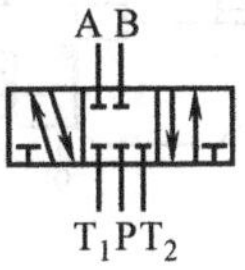		能使执行元件在任一位置上停止运动	

2. 滑阀式换向阀的工作原理

如图 2-2-9 所示，在阀体 1 中沿着纵向阀孔有环形沟槽 5（多是浇注的，又称为沉割槽）。环形沟槽分别与阀体上的各油口（P、A、B、T）连接。

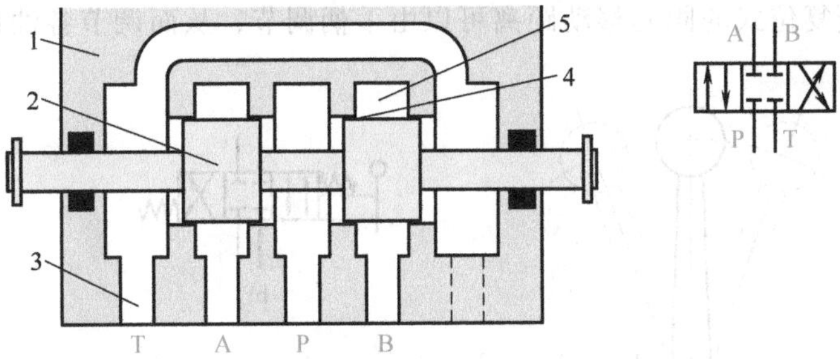

a)　　b)

图 2-2-9　滑阀式换向阀的工作原理

1—阀体　2—滑动阀芯　3—主油口　4—台肩　5—环形沟槽

在纵向阀孔中有一活动的圆柱形滑动阀芯 2，该滑动阀芯可以在阀体孔内轴向滑动，形成不同的接通形式。滑动阀芯的不同结构可以形成不同的控制功能，同规格的阀体一般都是一样的。

滑动阀芯有左、中、右三个工作位置，当滑动阀芯 2 处于中位时，四个油口 P、A、B、T 都关闭，互不相通；当滑动阀芯移向左端时，油口 P 与 A 相通，油口 B 与 T 相通；当滑

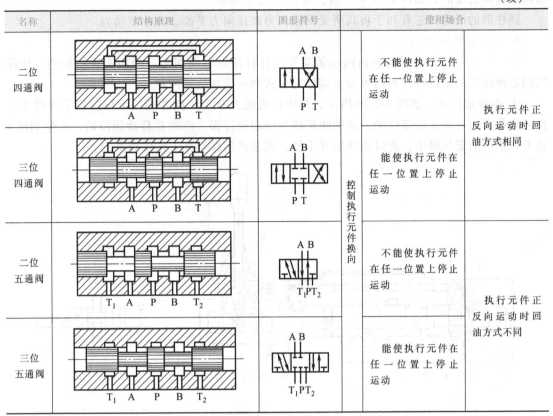

动阀芯移向右端时，油口 P 与 B 相通，油口 A 与 T 相通。

圆柱形的滑动阀芯有利于将其所受的轴向力和径向力平衡，减小驱动力。

3. 滑阀式换向阀的种类

（1）**手动换向阀** 手动换向阀是依靠手动杠杆操纵驱动阀芯运动而实现换向的。按操纵阀芯换向后的定位方式不同可分为钢球定位式和弹簧复位式两种。

① 钢球定位式。如图 2-2-10 所示，其中位机能为 O 型。阀芯的三个位置依靠钢球 1 定位。定位套上开有 3 条定位槽，槽的间距即为阀芯的行程。当阀芯移动到位后，定位钢球 1 就卡在相应的定位槽中，此时即使松开手柄，阀芯仍能保持在工作位置上。

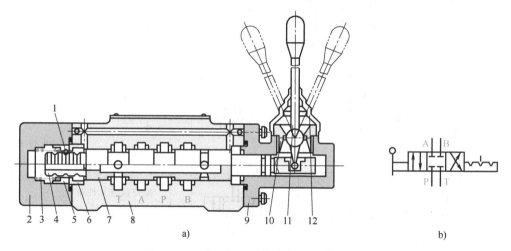

图 2-2-10　三位四通手动换向阀（钢球定位式）

1—钢球　2—后盖　3—弹簧　4—定位套　5—护球圈　6—球座　7—阀芯

8—阀体　9—前盖　10—螺套　11—手柄　12—防尘套

② 弹簧复位式。如图 2-2-11 所示，阀芯依靠复位弹簧的作用自动弹回到中位。与钢球定位式相比，弹簧复位式的阀芯移动距离可以由手柄调节，从而调节各油口的开口度。

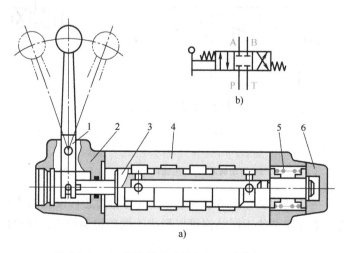

图 2-2-11　三位四通手动换向阀（弹簧复位式）

1—手柄　2—前盖　3—阀芯　4—阀体　5—弹簧　6—后盖

弹簧复位式手动换向阀适用于动作频繁、工作持续时间短的场合，操作较安全，常应用于工程机械中。

（2）机动换向阀　机动换向阀因常用于控制机械设备的行程，故又称为行程阀。它借助主机运动部件上可以调整的凸轮或活动挡块的驱动力，自动周期性地压下或（依靠弹簧）抬起装在滑阀阀芯端部的滚轮，从而改变阀芯在阀体中的相对位置，实现换向。

机动换向阀一般是二位阀，阀芯都是靠弹簧自动复位的，它所控制的阀可以是二通、三通、四通、五通等。

图 2-2-12a 所示为滚轮式二位三通机动换向阀，在图示位置阀芯 2 被弹簧 1 压向上端，油口 P 和 A 通，B 口关闭。当挡铁 4 或凸轮压住滚轮 5，使阀芯 2 移动到下端时，就使油口 P 和 A 断开，P 和 B 接通，A 口关闭。图 2-2-12b 所示为其图形符号。

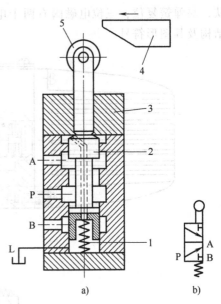

图 2-2-12　二位三通机动换向阀

1—弹簧　2—阀芯　3—阀体　4—挡铁　5—滚轮

（3）电磁换向阀　二位二通电磁换向阀如图 2-2-13 所示。它有两个工作油口，即进油口 P 和出油口 A。它有两个工作位置：电磁铁断电，复位弹簧 8 将阀芯 6 推向左边的初始位置；电磁铁通电，推杆 1 将阀芯 6 推到右边（压缩复位弹簧 8）的换向位置。

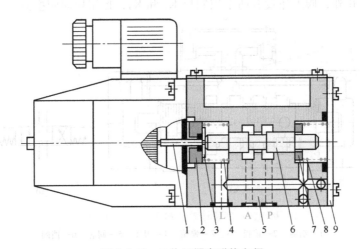

图 2-2-13　二位二通电磁换向阀

1—推杆　2—O 形密封圈座　3—挡片　4、8—弹簧　5—阀体　6—阀芯　7—弹簧座　9—盖板

泄油口 L 将通过阀芯间隙泄漏到阀芯两端容腔中的油液排到油箱。推杆 1 上的 O 形密封圈和 O 形密封圈座 2 在弹簧 4 的作用下将阀体的泄油口 L 与干式电磁铁隔开，以免油液进入电磁铁而出现外漏现象。

图 2-2-13 所示阀为常开型（H 型）滑阀机能，另外还有常闭型（O 型）滑阀机能。

如前所述，电磁换向阀就其工作位置来说，有二位和三位等。二位电磁阀有一个电磁铁，靠弹簧复位；三位电磁阀有两个电磁铁，图 2-2-14 所示为一种三位五通电磁换向阀的结构及其图形符号。

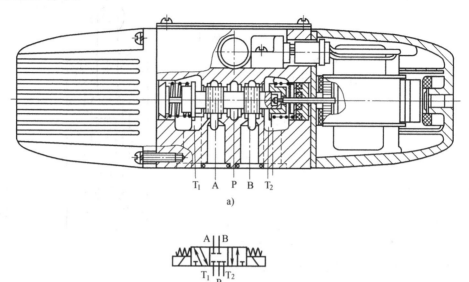

图 2-2-14 三位五通电磁换向阀

（4）液动换向阀　大流量液压系统的换向通常采用液动换向阀，它通过外部提供的压力油控制阀芯换向。图 2-2-15 所示为不带阻尼调节器的三位四通液动换向阀。除了四个主油口 P、T、A、B 外，阀上还设有两个控制口 K_1 和 K_2，控制换向阀换向。

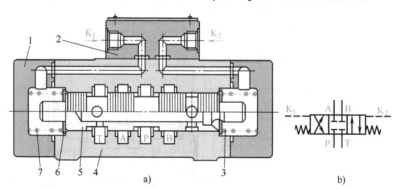

图 2-2-15 三位四通液动换向阀（不带阻尼调节器）
1—端盖　2—盖板　3、7—弹簧　4—阀体　5—阀芯　6—挡圈

（5）电液换向阀　电液换向阀是电磁阀和液动阀的组合，电磁阀起先导作用，以改变液动阀的阀芯位置。液动阀是控制主油路换向的，所以可以用较小的电磁阀来控制较大的液流。如图 2-2-16 所示，当电液换向阀的两个电磁铁都不通电时，电磁阀阀芯 4 处于中位，液动阀阀芯 8 因两端都接通油箱，也处于中位。电磁铁 3 通电时，电磁阀阀芯 4 右移，液压油通过单向阀 1 进入液动阀阀芯 8 的左端，推动液动阀阀芯 8 右移，右端的油液经节流阀 6 和电磁阀回油箱，液动阀主油路 P 和 A 通，B 和 T 通。同理，当电磁铁 5 通电时，液动阀主油路 P 和 B 通，A 和 T 通。

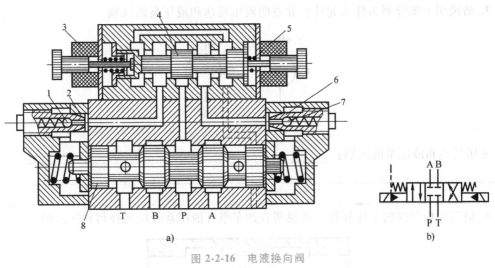

图 2-2-16　电液换向阀

1、7—单向阀　　2、6—节流阀　　3、5—电磁铁　　4—电磁阀阀芯　　8—液动阀阀芯（主阀芯）

【课堂工作页】

1. 在液压传动系统示意图上补充各组成元器件的名称。

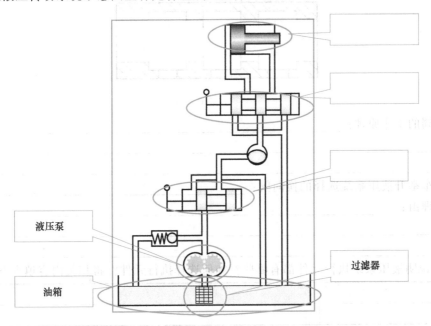

2. 请你与小组成员讨论后，为自卸车举升液压系统选择合适的液压元件。

元件类型	元件名称
动力元件	
执行元件	
控制元件	
辅助元件	

3. 请说明下图分别为什么元件？并说明液压马达和液压泵的区别。

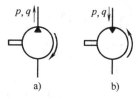

a) _____   b) _____

液压马达和液压泵的区别：_____

_____

_____

4. 请写出换向阀的工作原理，并说明自卸车举升液压系统应选择何种换向阀？

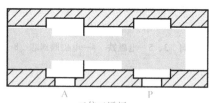

二位二通阀

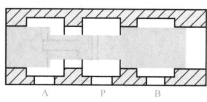

二位三通阀

换向阀的工作原理：_____

_____

_____

自卸车举升液压系统选择的换向阀：_____

选择理由：_____

_____

5. 请说明液压系统执行元件都有哪些？如何选择执行元件？将相关内容填入下表。

液压系统的执行元件	
选择执行元件的方法	

6. 请你写出本学习任务的收获。

_____

_____

_____

_____

_____

1. 液压马达的性能参数

液压马达的性能参数很多，其主要性能参数如下：

（1）排量、流量和容积效率　习惯上将液压马达的轴每转一周，按几何尺寸计算所进入的液体容积，称为液压马达的排量 V，也称为几何排量、理论排量，即不考虑泄漏损失时的排量。

液压马达的排量表示出其工作容腔的大小，它是一个重要的参数。因为液压马达在工作中输出的转矩大小是由负载转矩决定的。但是，推动同样大小的负载，工作容腔大的液压马达的压力要低于工作容腔小的液压马达的压力，所以说工作容腔的大小是表征液压马达工作能力的主要标志，也就是说，排量的大小是表征液压马达工作能力的重要标志。

液压马达的理论流量 q_{mt} 指的是液压马达单位时间内所能吸入液体的体积。

根据概念可知，液压马达转速 n、理论流量 q_{mt} 与排量 V 之间具有下列关系：

$$q_{mt} = Vn$$

式中，q_{mt} 为理论流量（m^3/min）；n 为转速（r/min）；V 为排量（m^3/r）。

为了满足转速要求，液压马达实际输入流量 q_m 大于理论输入流量 q_{mt}，则有

$$q_m = q_{mt+}\Delta q$$

式中，Δq 为泄漏流量。

液压马达的容积效率为

$$\eta_V = \frac{q_{mt}}{q_m} \times 100\%$$

（2）液压马达输出的理论转矩　根据排量的大小，可以计算在给定压力下液压马达所能输出的转矩大小，也可以计算在给定的负载转矩下液压马达的工作压力大小。当液压马达进、出油口之间的压差为 Δp，输入液压马达的流量为 q，液压马达输出的理论转矩为 T_t，角速度为 ω，如果不计损失，液压马达输入的液压功率应当全部转化为液压马达输出的机械功率，又因为 $\omega = 2\pi n$，所以液压马达的理论转矩为

$$T_t = \frac{\Delta p V}{2\pi}$$

式中，Δp 为液压马达进、出口之间的压差。

（3）液压马达的机械效率　由于液压马达内部不可避免地存在各种摩擦，实际输出的转矩 T 总要比理论转矩 T_t 小些，所以液压马达的机械效率为

$$\eta_m = \frac{T}{T_t} \times 100\%$$

式中，η_m 为液压马达的机械效率。

2. 换向阀的中位机能

三位换向阀的阀芯在中间位置时，各油口间的连通方式称为换向阀的中位机能。中位机能不同，换向阀对系统的控制性能也不同。三位换向阀的中位机能见表 2-2-2。

表 2-2-2　三位换向阀的中位机能

机能代号	结构原理	中位机能符号	机能特点和作用
O	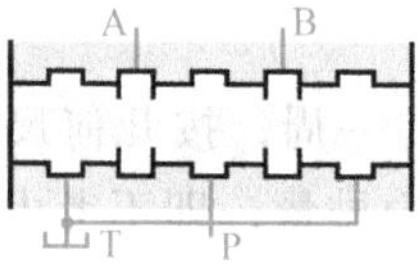	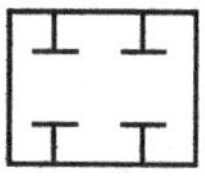	各油口全封闭,液压缸两腔封闭,系统不卸荷。液压缸充满油,从静止到起动平稳;制动时运动惯性引起液压冲击较大;换向位置精度高
H	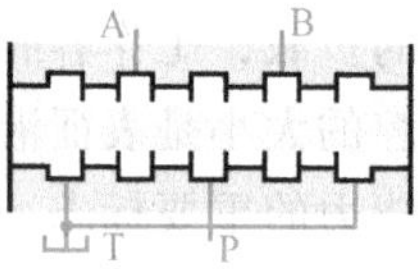	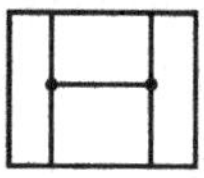	各油口全部连通,系统卸荷。液压缸成浮动状态。液压缸两腔接油箱,从静止到起动有冲击;制动时油口互通,故制动较 O 型平稳;但换向位置变动大
P	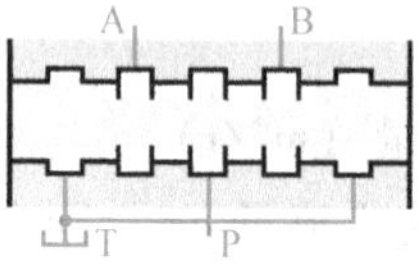	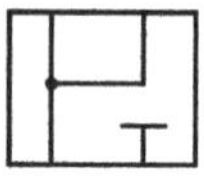	压力油口 P 与液压缸两腔连通,可形成差动回路,回油口封闭。从静止到起动较平稳;制动时液压缸两腔均通压力油,故制动平稳;换向位置变动比 H 型小,应用广
Y	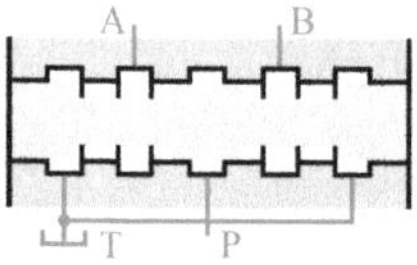	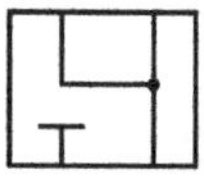	液压泵不卸荷,液压缸两腔通回油,液压缸成浮动状态。由于液压缸两腔接油箱,从静止到起动有冲击,制动性能介于 O 型与 H 型之间
K	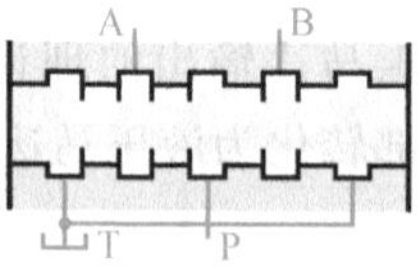	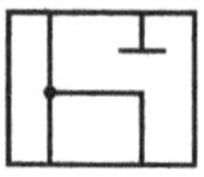	液压泵卸荷,液压缸一腔封闭一腔接回油。两个方向换向时性能不同
M	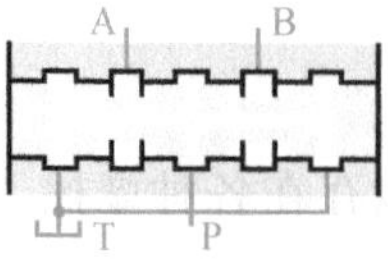	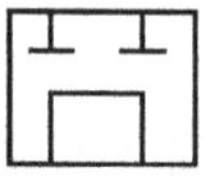	液压泵卸荷,液压缸两腔封闭。从静止到起动较平稳;制动性能与 O 型相同;可用于液压泵卸荷、液压缸锁紧的液压回路中

学习任务二　翻斗车自动卸料装置液压回路设计

【课堂工作页】

1. 请你结合所学补充下图翻斗车自动卸料装置液压系统中各元件的名称。

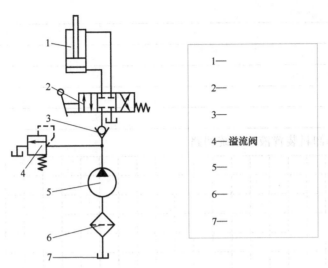

1—

2—

3—

4—溢流阀

5—

6—

7—

2. 分析举升系统液压回路运动过程，分别说明上升和下降过程中的进油路和回油路，以及回路如何切换。

1）车身升起过程：

进油路：_____

_____

回油路：_____

_____

2）车身落回过程：

进油路：_____

_____

回油路：_____

_____

回路如何切换：_____

_____

_____

3. 翻斗车卸料装置液压系统中，液压缸为何采用竖直放置的方式？为何不能采用水平放置方式？

4. 抄绘翻斗车卸料装置液压系统回路。

5. 根据本任务所学，进行拓展延伸，试设计液压起重机上车系统动作的液压回路，请简述你的设计思路。

学习任务三　翻斗车自动卸料装置液压回路装调

【课堂工作页】

1. 请你查询资料，比较企业与学校实验室在液压安全操作规程方面的主要异同，并填写下表。

企业生产场所关于液压的安全操作规程（列出你认为具有代表性的，至少 3 条）	
学校实验室关于液压的安全操作规程（列出你认为具有代表性的，至少 3 条）	
相同点	
不同点	

2. 在实验台上搭建翻斗车自动卸料装置液压回路，并完成调试。完成相关步骤后，请在前面方框内标注"√"。

□ 选择本次任务所需元件。

□ 根据翻斗车自动卸料装置液压回路，将所需元件牢固地安装在铝合金底板或电器安装板上。

□ 检查并确保所有油管已正确连接。

□ 经指导教师确认安装无误后，先启动电源，再起动液压泵。

□ 按照任务要求，对液压回路进行调试。

□ 先关闭液压泵，再关闭电源。

□ 在拆卸回路前，确保液压元件中的压力已释放，注意只能在零压力下拆卸元件。

□ 清理工位。

【注意】

1）当液压泵开启时，液压缸可能会意外伸出。

2）在操作过程中，不能超过液压系统最大容许工作压力。

3. 记录你在装调控制回路过程中出现的问题，请说明问题产生的原因和排除方法。

问题	
原因	
排除方法	

【知识链接】

自卸车液压举升系统常见故障诊断与排除

1. 车斗不起

首先将压力表接在举升阀的压力测量孔上，然后起动发动机并接合取力器，系统的压力应该在 1.8MPa 以上，如果低于这个压力，说明液压回路有故障，一般应检查油箱中是否有足够的液压油，球阀是否开启，低压油管是否弯折，齿轮泵是否损坏等；如果系统的压力正常，举升液压缸仍不能举升，那么故障可能出在举升阀部分，如阀芯卡滞、溢流阀开启压力过低、气缸窜气等，需要分解检修举升阀。

2. 车斗不落

车斗不落一般是气控系统的原因，如气控阀损坏、气管堵塞或弯折、举升阀气缸窜气等；由于机械故障导致的车斗不落极其少见，如举升液压缸弯折、举升阀阀芯卡滞等。

3. 举升液压缸上升缓慢

这种情况一般是气管漏气或弯折、齿轮泵压力不足、举升阀气缸窜气等因素导致的。

4. 举升液压缸上升过程中抖动

举升液压缸上升时抖动绝大多数情况下都是液压油不足导致的，如果齿轮泵损坏或取力器损坏导致动力传输中断也会造成这种故障，但是比较少见。

5. 举升液压缸下降缓慢

举升液压缸下降缓慢一般是由于气管漏气或弯折导致的，排除这个因素后，也可以调节举升阀的下降速度调节螺钉，这是一个内六角沉头螺钉，把它向里拧可使下降速度加快，把它向外拧可使下降速度减慢。

6. 举升液压缸自动下落

举升液压缸自动下落是一个非常危险的故障，严重威胁行车安全和检修安全，需要引起高度重视。这个故障一般是由举升阀内部泄漏、举升阀气缸窜气、气控阀故障、液压缸漏油严重等因素导致的。

7. 液压油箱上部漏油

如果在液压油箱上部经常有油液喷溅，首先要检查回油滤芯是否堵塞。如果回油滤芯堵塞严重，系统高压油在回到油箱时就会胀裂回油滤芯的壳体，液压油不是回到油箱的底部而是直接在上部喷溅，这样就会导致部分油液喷溅到油箱外部。这种情况要更换回油滤芯总成，并将回油管安装牢固，让液压油直接回到油箱底部。

8. 系统各接头部位漏油

在液压系统的各管头连接处，都有密封垫片，这些密封垫片是一次性的，重新拆卸安装后必须更换。在安装时要保证密封面清洁、平整，不能有杂质或凹坑等，并按规定的力矩拧紧。

【拓展任务】

请你根据所学内容，完成挖掘机液压动作回路的设计。

项目三

模具冲压装置压力控制回路的设计与装调

【知识要求】

1）能说出液压泵的工作原理。

2）掌握不同压力控制阀的使用。

3）了解蓄能器的工作原理。

4）了解冲压装置压力控制回路的工作过程。

【能力要求】

1）具有正确选用动力元件的能力。

2）能正确使用压力控制阀。

3）能根据任务要求，设计简单的压力控制回路。

4）能完成冲压装置压力控制回路的安装和调试。

【素质要求】

1）遵守现场操作的职业规范，具备安全、整洁、规范实施项目的能力。

2）培养严谨认真、一丝不苟的工作作风。

3）以积极的态度对待训练项目，具有团队交流和协作能力。

4）分析问题要全面，不能只观表象。

【项目情境描述】

如图 2-3-1 所示，高速压力机既可以对工件进行冲孔加工又可以进行冲压成形，不同的加工方式对冲头的速度有不同的要求。冲孔时，要求冲头以最大的速度下降加工工件，并且快速上升返回；而成形过程要求冲头以较快的速度下降，遇到负载时冲头速度降低且系统压力升高，确保对钢板的准确冲压成形，冲压完毕冲头以较快的速度上升。该液压系统主要工作特点是高频、高速、高压。它如何实现冲压？

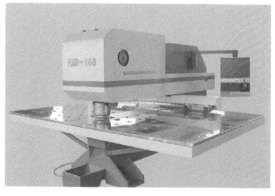

图 2-3-1　高速压力机

本项目将探究高速压力机的工作原理，搭建一个简易的高速压力机液压回路。

项目要求：根据高速压力机的工作原理，抄绘高速压力机液压回路，并在实验台上完成搭建和调试。

安全事项：

为了避免在项目实施过程中引起人员受伤和设备损坏，请遵守以下内容：

1）元件要轻拿轻放，不能掉下，以防伤人。注意：毛刺、沾油元件容易脱手。

2）元件连接要确保可靠。

3）回路搭建完成，须经指导教师确认无误后，方可起动回路。

4）不要在实验台上放置无关物品。

5）安全用电，保证在断电情况下插线、拔线。

学习任务一　液压元件认识与选用

高速压力机液压系统由液压泵、液压缸、换向阀、蓄能器、油管等组成，本次任务我们将一起认识液压泵、蓄能器、压力控制阀等液压元件，并完成动力元件的选用。

一、液压泵

1. 液压泵的工作原理

液压泵在液压系统中的作用是把机械能转换成油液的压力能，向系统提供压力油。

液压系统中使用的液压泵都是容积式的，其工作原理如图 2-3-2 所示。

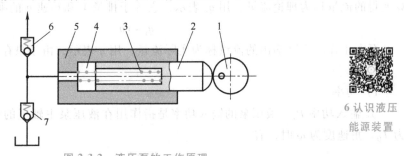

6 认识液压
能源装置

图 2-3-2　液压泵的工作原理

1—凸轮　2—柱塞　3—弹簧　4—密封容积　5—缸体　6、7—单向阀

凸轮 1 旋转时，柱塞 2 在凸轮 1 和弹簧 3 的作用下左右移动。当柱塞向右移动时，柱塞 2 和缸体 5 组成的密封容积变大，形成真空度，油箱中的油液在大气压的作用下经单向阀 7 和油管吸入；当凸轮推动柱塞向左运动时，密封容积变小，已吸入的油液受到挤压，经单向阀 6 排到液压系统中去。凸轮不断地运动，密封容积周期性地变小和增大完成排油和吸油。

由此可见，容积式液压泵的共同工作原理是：

1）必定有一个或若干个周期性变化的密封容积。密封容积增大时，形成一定的真空度完成吸油；密封容积减小时，油液受到挤压排到系统中去。

2）为了使密封容积增大时和吸油管相连、密封容积减小时和排油管相连，需要有相应的配油装置，如图 2-3-2 中的单向阀 6 和 7 就起这个作用。不同结构液压泵的配油装置是不同的。

3）油箱必须和大气相通，这是液压泵正常工作的外部条件。

容积式液压泵按照结构形式的不同，可分为齿轮泵、叶片泵、柱塞泵等类型；按输出流量是否可调，又分为定量泵和变量泵。液压泵的图形符号如图 2-3-3 所示。

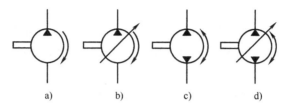

a)   b)   c)   d)

图 2-3-3 液压泵的图形符号

2. 液压泵的主要性能参数

（1）工作压力和额定压力

1）液压泵的工作压力是指泵实际工作时输出油液的压力，其大小由工作负载决定。

2）液压泵的额定压力是指泵在正常工作条件下，按实验标准规定能连续运转的最高压力，超过此值将使泵过载。

7 液压泵
的选用

（2）排量和流量

1）液压泵的排量是指泵轴转一转，由其密封容积几何尺寸变化计算得到的排出的液体体积，用 V 表示，常用单位为 mL/r。

2）液压泵的流量是指泵在单位时间内排出液体的体积。由泵密封容积几何尺寸变化计算而得的流量称为理论流量，用 q_t 表示，它等于排量 V 和转速 n 的乘积，即

$$q_t = Vn$$

泵在工作时实际输出的流量称为实际流量，用 q 表示，由于泵存在内泄漏，故 $q < q_t$。

（3）功率和效率

1）功率。

① 输入功率 P_i。液压泵的输入功率是指作用在液压泵主轴上的机械功率，当输入转矩为 T_0，角速度为 ω 时，有

$$P_i = T_0 \omega$$

② 输出功率 P_o。液压泵的输出功率是指液压泵在工作过程中的实际吸、压油口间的压差 Δp 和输出流量 q 的乘积，即

$$P_o = \Delta p q$$

2）效率。

液压泵在进行能量转换时，必然存在能量损失，其能量损失可分为容积损失和机械损失。容积损失主要由泄漏引起，使泵实际流出流量 q 总是小于理论流量 q_t，泵的实际输出流量与理论流量的比值称为容积效率，用 η_V 表示，计算公式为

$$\eta_V = \frac{q}{q_t} = \frac{q}{Vn}$$

机械损失主要指由液体的黏性和机械摩擦而引起的能量损失，从而使得泵对实际输入转矩 T_i 的需求总是大于理论输入转矩 T_t。其机械效率

$$\eta_{\mathrm{m}} = \frac{T_{\mathrm{t}}}{T_{\mathrm{i}}} = \frac{pV}{2\pi T_{\mathrm{i}}}$$

泵的总效率为输出功率 P_{o} 与输入功率 P_{i} 的比值，用 η 表示，即

$$\eta = \frac{P_{\mathrm{o}}}{P_{\mathrm{i}}} = \eta_V \eta_{\mathrm{m}}$$

总效率等于容积效率和机械效率之积。

二、蓄能器

蓄能器是一种把压力油的液压能储存在耐压容器内，待需要时又将其压力能重新释放出来供能系统的储能元件。

1. 蓄能器的种类和工作原理

（1）活塞式蓄能器　活塞式蓄能器如图2-3-4所示，它利用活塞3将气、液分开，经进气口1给上腔充入压缩气体，下腔由进出油口进压力油。当油室油压增加时，活塞向上移动，气体受到压缩而储能。当油室油压减小时，气体膨胀释放能量，推动活塞向下移动。该结构简单，使用寿命长，但活塞惯性和摩擦阻力大，动态响应慢，且有微量气液混合。

（2）囊式蓄能器　囊式蓄能器如图2-3-5所示，采用耐油橡胶制成的气囊3将气、液分开，由充气阀1给气囊3充入气体。它也是利用气体的压缩、膨胀来储存和释放能量的。该蓄能器使气、液完全隔开，惯性小，动态响应快，但工艺性稍差。

2. 蓄能器的功用

（1）作为辅助动力源　若液压系统在一个工作循环中，只在很短时间内需要大流量，可采用蓄能器作为辅助动力源，以减小泵的规格和电动机功率，使系统功率利用更为合理。

（2）系统保压　在系统需要较长时间的保压，又为了降低系统功耗使泵卸荷时，可用蓄能器来补偿液压装置中的泄漏，以保持系统压力恒定。

（3）缓和液压冲击及吸收压力脉动　蓄能器能在压力升高时吸收能量，压力降低时释放能量，故可减小液压冲击和吸收压力脉动。

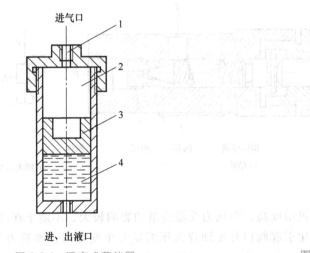

图 2-3-4　活塞式蓄能器
1—进气口　2—气室　3—活塞　4—油室

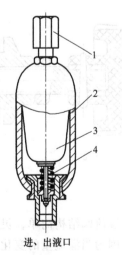

图 2-3-5　囊式蓄能器
1—充气阀　2—壳体　3—气囊　4—提升阀

3. 蓄能器的使用和安装

使用蓄能器应注意以下几点：

1）充气式蓄能器中应使用惰性气体（一般为氮气），允许工作压力视蓄能器结构形式而定。

2）蓄能器一般应竖直安装，油口向下。

3）装在管路上的蓄能器须用支板或支架固定。

4）用于吸收液压冲击和压力脉动的蓄能器应尽可能安装在振源附近。

5）蓄能器与管路之间应安装截止阀，供充气和检修时使用。蓄能器与液压泵之间应安装单向阀，防止液压泵停止时蓄能器内压力油倒流。

三、压力控制元件

8 认识压力
控制阀

压力控制元件是控制和调节液压系统油液压力，利用压力作为信号控制其他元件的阀。这类阀的共同特点是利用液压力和弹簧力相平衡的原理进行工作，包括溢流阀、减压阀、顺序阀和压力继电器等。

压力控制回路是利用压力控制阀来控制系统整体或某一部分的压力，以满足液压执行元件对力或转矩要求的回路。这类回路包括调压回路、减压回路、增压回路、卸荷回路和平衡回路等。

1. 溢流阀

溢流阀的作用是保持系统中的压力基本恒定，实现稳压、调压或限压。常用的溢流阀有直动式溢流阀和先导式溢流阀两种。

（1）直动式溢流阀　如图 2-3-6 所示，直动式溢流阀的阀芯在弹簧的作用下压在阀座上，阀体上开有进油口 P 和出油口 T，液压油从进油口 P 进入作用在阀芯上。当液压力小于弹簧力时，阀芯压在阀座上不动，阀口关闭；当液压力超过弹簧力时，阀芯离开阀座，阀口打开，液压油便从出油口 T 流回油箱，从而保证进口压力基本恒定。调节弹簧的预压力，便可调整溢流压力。

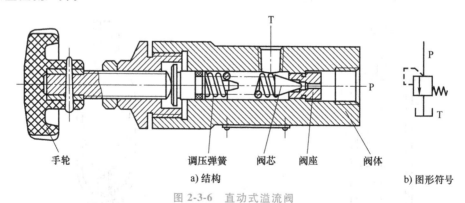

手轮　　　　　调压弹簧　阀芯　阀座　　阀体

a) 结构　　　　　　　　　　　　b) 图形符号

图 2-3-6　直动式溢流阀

直动式溢流阀结构简单，灵敏度高，但压力受溢流量的影响较大，不适于在高压、大流量下工作。因为当溢流量的变化引起阀口开度即弹簧压缩量发生变化时，弹簧力变化较大，溢流阀进口压力也随之发生较大变化，故直动式溢流阀调压稳定性差。

（2）先导式溢流阀　如图 2-3-7 所示，先导式溢流阀由先导阀和主阀两部分组成，液压力同时作用于主阀阀芯及先导阀阀芯上。

主阀阀芯 2 为滑阀，滑阀的上、下部相同直径圆柱必须与主阀阀体 1 的内孔同轴。所不同的是，主阀阀芯除了下部开有起动态液压阻尼作用的轴向小孔 a 外，还在上部开了轴向小孔 b，小孔 b 的固定液阻与锥阀口的可变液阻用来组成先导液压半桥。工作时，溢流阀进口的液压油除了通过阀芯上的径向孔与轴向孔 a 进入滑阀阀芯下端面 A 腔外，还经过轴向小孔 b 进入滑阀阀芯上端面的 B 腔，并经过锥阀阀座 9 上的小孔 d 作用在先导阀的锥阀阀芯 8 上。当作用在锥阀上的液压力因溢流阀进油腔压力的增大而增大到高于调压弹簧 6 的预压力时，锥阀阀芯 8 开启，B 腔的油液经小孔 d、锥阀口和流道 c 流入阀的出油腔，然后回到油箱，因小孔 b 的前后压差，主阀阀芯 2 开启，实现定压溢流。

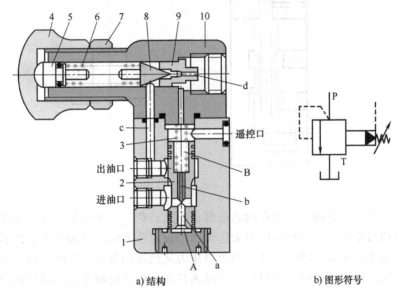

a) 结构　　　　　　　　　　　　b) 图形符号

图 2-3-7　先导式溢流阀

1—主阀阀体　2—主阀阀芯　3—复位弹簧　4—调节螺母　5—调节杆　6—调压弹簧　7—螺母

8—锥阀阀芯　9—锥阀阀座　10—阀盖　a、b—轴向小孔　c—流道　d—小孔

阀体上有一个远程控制口 K，当 K 口通过二位二通阀接油箱时，主阀阀芯在很小的液压力作用下便可移动，打开阀口，实现溢流，这时系统卸荷。若 K 口接另一个远程调压阀，便可对系统压力实现远程控制。

先导式溢流阀先导阀部分的结构尺寸较小，调压弹簧刚度不必很大，因此压力调整比较轻便。但是先导式溢流阀要在先导阀和主阀都动作后才能起控制作用，因此反应不如直动式溢流阀灵敏。

2. 减压阀

减压阀是一种利用液流流过缝隙产生压降的原理，使出口压力（二次压力）低于进口压力（一次压力），并稳定出口压力的压力控制阀。

和溢流阀类似，按照结构和原理的不同，减压阀也可以分为直动式减压阀和先导式减压阀两类。

减压阀与溢流阀的区别如下：

1）常态时溢流阀是常闭的，而减压阀是常通的。

2）溢流阀控制的是进口压力，而减压阀控制的是出口压力。

3）减压阀串联在系统中，其出口油液通执行元件，因此泄漏油需单独引回油箱（外泄）；溢流阀的出口直接接回油箱，它是并联在系统中的，因此其泄漏油引至出口（内泄）。

直动式减压阀与直动式溢流阀的结构相似，区别是减压阀为出口压力控制，且阀口为常开式，如图 2-3-8 所示。

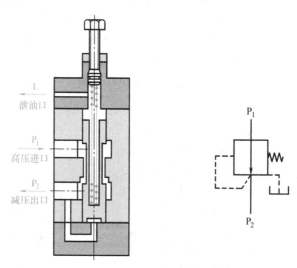

图 2-3-8　直动式减压阀

出口处的二次压力油向下反馈在阀芯底部面积上，产生一个向上的液压作用力，该力与调压弹簧的预调力相比较。当出口压力未达到阀的设定压力时，弹簧力大于阀芯底部的液压作用力，阀芯处于最下方，阀口全开。当出口压力达到阀的设定压力时，阀芯上移，开口量减小，实现减压，以维持出口压力恒定，不随入口压力的变化而变化。减压阀的泄油口需单独引回油箱。

直动式减压阀的弹簧刚度较大，因而阀的出口压力随阀芯的位移，即随流经减压阀的流量变化而略有变化。

3. 顺序阀

顺序阀在液压系统中的主要作用是控制多执行器之间的顺序动作。通常顺序阀可视为液动二位二通换向阀，其启闭压力可用调压弹簧设定，当控制压力（阀的进口压力或液压系统某处的压力）达到或低于设定值时，阀可以自动启闭，实现进、出油口之间的通断。

按照工作原理与结构不同，顺序阀可分为直动式和先导式两类；按照压力控制方式的不同，又有内控式和外控式之分。顺序阀与其他液压阀（如单向阀）组合可以构成单向顺序阀（平衡阀）等复合阀，用于平衡执行器及工作机构自重或使液压系统卸荷等。

顺序阀的图形符号如图 2-3-9 所示。

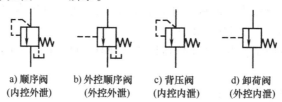

a) 顺序阀　　b) 外控顺序阀　　c) 背压阀　　d) 卸荷阀
(内控外泄)　　(外控外泄)　　(内控内泄)　　(外控内泄)

图 2-3-9　顺序阀的图形符号

顺序阀与溢流阀的区别如下：

1）溢流阀一般安装在泵的出口处，而顺序阀则串联安装在主油路中。

2）溢流阀没有外泄油口，而顺序阀有外泄油口。

3）顺序阀关闭时要有良好的密封性能，因此阀芯和阀体之间的封油长度比溢流阀长。

直动式内控顺序阀的工作原理如图 2-3-10 所示。阀体 3 上开有两个油口 P_1、P_2，但 P_2 不是接油箱，而是接二次油路（后动作的执行器油路），所以在阀盖 6 上的泄油口 L 必须单独接回油箱。

进油口液压油经通道 K 作用于控制活塞 2 的底部，当其压力低于调压弹簧 5 的调定压力时，阀芯处于最下端，阀口关闭；当进油口压力大于调压弹簧 5 的调定压力时，阀芯 4 上移，阀口开启，液压油进入下一个执行件工作。

4. 压力继电器

压力继电器是一种将油液的压力信号转换成电信号的电液控制元件，当油液压力达到压力继电器的调定压力时，即发出电信号，以控制电磁铁、电磁离合器、继电器等元件动作，使油路卸压、换向，执行元件实现顺序动作，或关闭电动机，使系统停止工作，起安全保护作用等。如图 2-3-11 所示，当从压力继电器下端进油口通入的油液压力达到调定压力值时，推动柱塞 1 上移，此位移通过杠杆 2 放大后推动开关 4 动作。改变弹簧 3 的压缩量即可以调节压力继电器的动作压力。

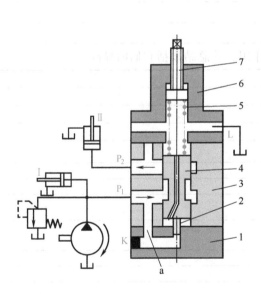

图 2-3-10　直动式内控顺序阀的工作原理
1—端盖　2—控制活塞　3—阀体　4—阀芯（滑阀）
5—调压弹簧　6—阀盖　7—调压螺钉

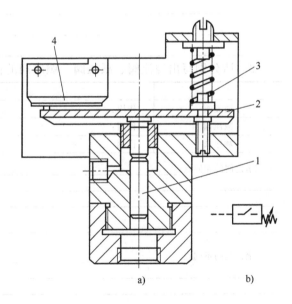

图 2-3-11　压力继电器
1—柱塞　2—杠杆　3—弹簧　4—开关

【课堂工作页】

1. 请你与小组成员讨论后，为高速压力机液压系统选择合适的液压元件。

元件类型	元件名称（建议写具体类型）
动力元件	
执行元件	
控制元件	
辅助元件	

2. 请你描述蓄能器在高速压力机液压系统中的作用。

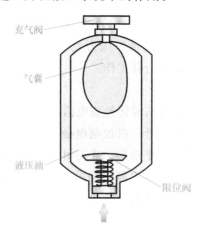

充气阀

气囊

液压油

限位阀

_____

_____

3. 请分别写出溢流阀、减压阀、顺序阀的作用，并总结概括它们的异同。

压力控制元件	内容描述
溢流阀	作用：
减压阀	作用：
顺序阀	作用：

三者之间的相同点：_____

_____

_____

三者之间的不同点：_____

_____

_____

4. 请查阅压力机工作过程相关资料，结合所学内容，分析压力机的动作过程，简单画出其动作过程流程图。

1）请描述压力机的工作过程：_____

_____

_____

_____

2）请简单补充压力机动作过程流程图（若图中流程步骤不足，可自行补充）。

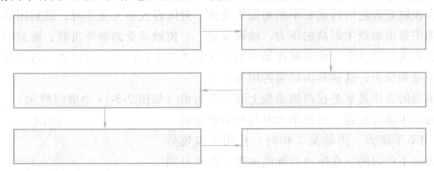

【知识链接】

1. 齿轮泵

齿轮泵按结构形式可分为外啮合和内啮合两种，内啮合齿轮泵应用较少。外啮合齿轮泵具有结构简单、紧凑，容易制造，成本低，对油液污染不敏感，工作可靠，维护方便，寿命长等优点，故广泛应用于各种低压系统中。随着齿轮泵在结构上的不断完善，中高压齿轮泵的应用逐渐增多。目前高压齿轮泵的工作压力可达 $14 \sim 21\text{MPa}$。

（1）外啮合齿轮泵

1）外啮合齿轮泵的工作原理。如图 2-3-12 所示，在泵的壳体内有一对外啮合齿轮，齿轮两侧有端盖盖住。壳体、端盖和齿轮的各个齿间槽组成了许多密封工作腔。当齿轮按图示方向旋转时，右侧吸油腔由于相互啮合的轮齿逐渐脱开，密封工作腔容积逐渐增大，形成部分真空，油箱中的油液被吸进来，将齿间槽充满，并随着齿轮旋转，把油液带到左侧压油腔去。在压油区一侧，由于轮齿逐渐进入啮合，密封工作腔容积不断减小，油液便被挤出去。吸油区和压油区是由相互啮合的轮齿以及泵体分隔开的。

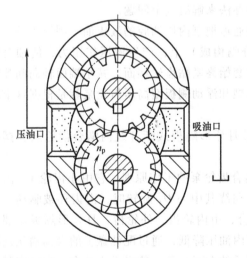
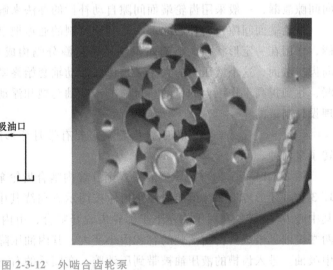

图 2-3-12 外啮合齿轮泵

2）外啮合齿轮泵在结构上存在的几个问题。

① 困油现象。齿轮泵要平稳工作，齿轮啮合的重叠系数必须大于 1，于是总有两对轮齿

同时啮合，并有一部分油液被围困在两对轮齿形成的封闭容腔之间，如图 2-3-13 所示。这个封闭的容积随着齿轮的转动在不断地发生变化。封闭容腔由大变小时，被封闭的油液受挤压并从缝隙中挤出而产生很高的压力，油液发热，并使轴承受到额外负载；而封闭容腔由小变大，又会造成局部真空，使溶解在油中的空气分离出来，产生气穴现象。这些都将使泵产生强烈的振动和噪声，这就是齿轮泵的困油现象。

消除困油的方法通常是在两侧盖板上开卸荷沟槽（如图 2-3-13 中虚线所示），使封闭腔容积减小时与压油腔相通，容积增大时与吸油腔相通。

② 径向不平衡力。齿轮泵工作时，作用在齿轮外圆上的压力是不均匀的。在压油腔和吸油腔，齿轮外圆分别承受着系统工作压力和吸油压力；在齿轮齿顶圆与泵体内孔的径向间隙中，可以认为油液压力由高压腔压力逐级下降到吸油腔压力。这些液体压力综合作用的合力，相当于给齿轮一个径向不平衡作用力，使齿轮和轴承受载。工作压力越大，径向不平衡力越大，严重时会造成齿顶与泵体接触，产生磨损。通常采取缩小压油口的办法来减小径向不平衡力，使高压油仅作用在一个到两个齿的范围内。

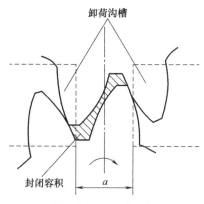

图 2-3-13　困油现象

③ 泄漏。外啮合齿轮泵高压腔（压油腔）的液压油向低压腔（吸油腔）泄漏有三条路径：一是通过齿轮啮合处的间隙；二是泵体内表面与齿顶圆间的径向间隙；三是通过齿轮两端面与两侧端盖间的端面轴向间隙。三条路径中，端面轴向间隙的泄漏量最大，占总泄漏量的 70%～80%。因此普通齿轮泵的容积效率较低，输出压力也不容易提高。要提高齿轮泵的压力，首要的问题是减小端面轴向间隙。

3）提高外啮合齿轮泵压力的措施。要提高外啮合齿轮泵的工作压力，必须减小端面轴向间隙泄漏，一般采用齿轮端面间隙自动补偿的办法来解决这个问题。

齿轮端面间隙自动补偿原理，是利用特制的通道把泵内压油腔的液压油引到浮动轴套外侧，作用在一定形状和大小的面积（用密封圈分隔构成）上，产生液压作用力，使轴套压向齿轮端面，这个液压力的大小必须保证浮动轴套始终紧贴齿轮端面，减小端面轴向间隙泄漏，达到提高工作压力的目的。目前的浮动轴套型和浮动侧板型高压齿轮泵就是根据这个原理设计制造的。

（2）内啮合齿轮泵　内啮合齿轮泵主要有带月牙形隔板式渐开线内啮合齿轮泵和摆线转子泵两种。

图 2-3-14 所示为带月牙形隔板式渐开线内啮合齿轮泵的工作原理。它由小齿轮 1、内齿环 3 和月牙形隔板 2 等组成。当小齿轮按图示方向绕其中心 O_1 旋转时，内齿环被驱动，绕其中心 O_2 旋转，在图示的左下半部轮齿脱开啮合，由内轮齿、外轮齿、月牙形隔板端部及两端配油盘组成的密闭油腔的容积由小变大，其内油压降低，通过配油盘上的吸油槽从油箱中吸油。进入齿槽的液压油被带到压油腔。在图示的右下半部，轮齿进入啮合，齿间密闭油腔的容积由大减小，其内油压升高，并通过配油盘上的压油槽将液压油压入液压系统，即压油。月牙形隔板 2 在内齿环 3 和小齿轮 1 之间将吸油腔和压油腔隔开。

与外啮合齿轮泵相比，月牙形隔板式内啮合齿轮泵齿轮的啮合长度较长，因此工作平

稳，泵的吸油区大，流速低，吸入性能好。它的显
著特点是流量脉动很小（仅为外啮合齿轮泵的
1/10～1/20），此外，这种泵的困油现象轻，噪声
较小。

　　渐开线内啮合齿轮泵也可以采用端面间隙自动
补偿结构，提高其容积效率和工作压力。现有高压
渐开线内啮合齿轮泵的最高工作压力已达
到 32MPa。

　　2. 叶片泵

　　叶片泵具有结构紧凑、运动平稳、噪声小、输
油均匀、寿命长等优点，目前广泛用于中高压液压
系统中。一般叶片泵的工作压力为 7MPa，高压叶
片泵可达 14MPa。

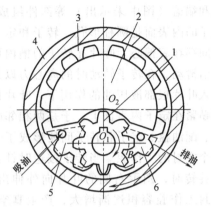

图 2-3-14　渐开线内啮合齿轮泵的工作原理
1—小齿轮　2—月牙形隔板　3—内齿环
4—外壳　5—低压腔　6—高压腔

　　叶片泵分单作用和双作用两种。单作用叶片泵往往做成变量的，而双作用叶片泵是定量的。

　　（1）双作用叶片泵　如图 2-3-15 所示，双作用叶片泵的工作原理和单作用叶片泵相似，
不同之处只在于定子表面由两段长半径圆弧、两段短半径圆弧和四段过渡曲线八个部分组
成，且定子和转子是同轴的。在图示转子顺时针方向旋转的情况下，密封工作腔的容积在左
上角和右下角处逐渐增大，为吸油区；在左下角和右上角处逐渐减小，为压油区；吸油区和
压油区之间有一段封油区把它们隔开。这种泵的转子每转一转，每个密封工作腔完成吸油和
压油动作各两次，所以称为双作用叶片泵。泵的两个吸油区和两个压油区是径向对称的，作
用在转子上的液压力径向平衡，所以又称为平衡式叶片泵。

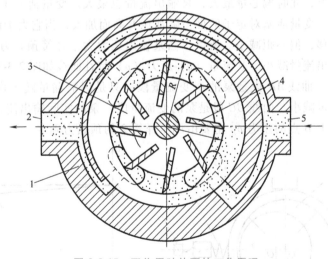

图 2-3-15　双作用叶片泵的工作原理
1—定子　2—压油口　3—转子　4—叶片　5—吸油口

　　双作用叶片泵的瞬时流量是脉动的，当叶片数为 4 的倍数时脉动率小。为此，双作用叶
片泵的叶片数一般都取 12 或 16。

　　（2）单作用叶片泵　如图 2-3-16 所示，单作用叶片泵由转子 2、定子 3、叶片 4、配油

盘和端盖（图中未示出）等部件组成。
定子的内表面是圆柱形孔。转子和定子
之间存在着偏心。叶片在转子的槽内可
灵活滑动，在转子转动时的离心力以及
通入叶片根部液压油的作用下，叶片顶
部贴紧在定子内表面上，于是两相邻叶
片、配油盘、定子和转子间便形成了一
个个密封的工作腔。当转子按逆时针方
向旋转时，图示右侧的叶片向外伸出，
密封工作腔容积逐渐增大，产生真空，
于是通过吸油口 5 和配油盘上的窗口将
油液吸入。而在图示左侧，叶片往里缩
进，密封腔的容积逐渐缩小，密封腔中
的油液经配油盘的另一窗口和压油口 1

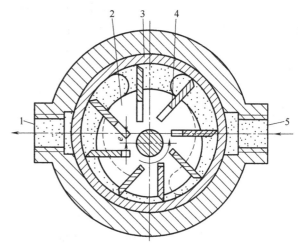

图 2-3-16 单作用叶片泵的工作原理

1—压油口 2—转子 3—定子 4—叶片 5—吸油口

被压出而输出到系统中去。这种泵在转子一转过程中，吸油、压油各一次，故称为单作用
泵。转子受到径向液压不平衡作用力，故又称为非平衡式泵，其轴承负载较大。改变定子和
转子间的偏心量，便可改变泵的排量，故这种泵都是变量泵。

　　单作用叶片泵的瞬时流量是脉动的，泵内叶片数越多，流量脉动率越小。此外，奇数叶
片泵的脉动率比偶数叶片泵的脉动率小，所以单作用叶片泵的叶片数一般取 13 或 15。

　　（3）外反馈限压式变量叶片泵　外反馈限压式变量叶片泵的工作原理如图 2-3-17 所示。
当油压较低，变量活塞对定子产生的推力不能克服调压弹簧 2 的作用力时，定子被调压弹簧
推在最左边的位置上，此时偏心量最大，泵输出流量也最大。变量活塞 1 的一端紧贴定子，
另一端则通高压油。变量活塞对定子的推力随油压升高而加大，当它大于调压弹簧 2 的预紧
力时，定子向右偏移，偏心距减小。所以，当泵输出压力大于弹簧预紧力时，泵开始变量，
随着油压升高，输出流量减小。其流量（q）-压力（p）特性曲线如图 2-3-17 所示。

　　在图 2-3-18 中，曲线 AB 段是泵的不变流量段，只是因泄漏量随工作压力的增加而增
加，使实际输出流量减小。曲线 BC 段是泵的变流量段，泵的实际输出流量随工作压力的增
加迅速下降。曲线上 B 点的压力 p_B 主要由调压弹簧 2 的预紧力确定。

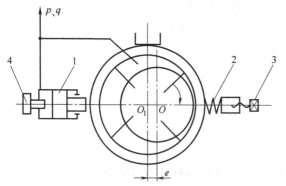

图 2-3-17 外反馈限压式变量叶片泵的工作原理

1—变量活塞 2—调压弹簧 3—调压螺钉 4—流量调节螺钉

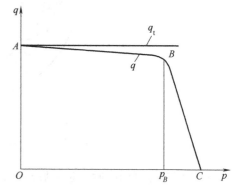

图 2-3-18 限压式变量叶片泵的特性曲线

调节限压式变量叶片泵的流量调节螺钉，可改变其最大偏心距，从而可改变泵的最大输出流量。这时流量-压力特性曲线 AB 段上下平移；调节泵的压力调节螺钉即调节调压弹簧的预紧力可改变 p_B 的大小，使曲线 BC 段左右平移；若改变限压弹簧的刚度，可改变 BC 段的斜率。

限压式变量叶片泵与定量叶片泵相比，结构复杂，噪声较大，容积效率和机械效率也都较定量叶片泵低，但是它可根据负载压力自动调节流量，功率使用合理，可减少油液发热。在要求液压系统执行元件有快速、慢速和保压阶段时，应采用变量叶片泵。

3. 柱塞泵

柱塞泵多用于高压系统。柱塞泵具有效率高、机构简单、维护费用低等优点。柱塞泵在工作的过程中将输入轴的旋转运动转换为活塞的往复运动。其工作原理与四冲程发动机类似。它们的工作原理是，当活塞在缸孔中缩回时，往复活塞在缸内吸入液压油，当活塞伸出时，液体排出。通常，柱塞泵具有固定斜板或可变角度板，称为斜盘。当柱塞筒组件旋转时，与活塞滑块接触的斜盘沿其表面滑动。活动长度（轴向位移）取决于斜盘的倾斜角度。当斜盘垂直时，不会发生往复运动，因此泵不会输送液压油。随着斜盘角度的增加，活塞在缸筒内往复运动。冲程长度随着斜盘角度的增加而增加，因此泵送液压油的体积也随之增加。在前半个旋转循环中，活塞移出缸筒，缸筒体积增大。在后半个旋转过程中，活塞进入缸筒，缸筒体积减小。

（1）**轴向柱塞泵**　图 2-3-19 所示为斜盘式轴向柱塞泵的工作原理。斜盘式轴向柱塞泵由斜盘 1、柱塞 2、缸体 3、配油盘 4 等主要零件组成。斜盘 1 和配油盘 4 是不动的，传动轴 5 带动缸体 3、柱塞 2 一起转动，柱塞 2 靠机械装置或在低压油作用下压紧在斜盘上。当传动轴按图示方向旋转时，柱塞 2 在其自下而上回转的半周内逐渐向外伸出，使缸体内密封工作腔容积不断增加，产生局部真空，从而将油液经配油盘 4 上的配油窗口 a 吸入；柱塞在其自上而下回转的半周内逐渐向里推入，使密封工作腔容积不断减小，将油液从配油盘窗口 b 向外压出。缸体每转一转，每个柱塞往复运动一次，完成一次吸油和压油动作。改变斜盘的倾角 γ，可以改变柱塞往复行程的大小，因而也就改变了泵的排量。

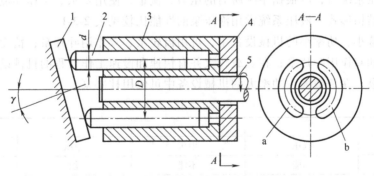

图 2-3-19　斜盘式轴向柱塞泵的工作原理
1—斜盘　2—柱塞　3—缸体　4—配油盘　5—传动轴

（2）**径向柱塞泵**　图 2-3-20 所示为径向柱塞泵的工作原理。柱塞 1 均布于回转缸体 2 的径向圆孔中，青铜衬套 3 与回转缸体 2 用过盈配合紧装在一起，并套装在配油轴 5 上。配油轴 5 是固定不动的。回转缸体连同柱塞由电动机带动一起旋转。柱塞靠离心力和辅助泵低压油的作用紧压在定子 4 的内壁面上。由于定子中心线与回转缸体的回转中心线间有一偏心距 e，所以当回转缸体按图示方向旋转时，柱塞在上半周内向外伸出，柱塞底部密封油腔的容积由小逐渐增大，压力降低，产生局部真空，因而通过配油轴上的吸油窗口 a 从油箱中吸油。当柱塞处于下半周时，各柱塞底部密封油腔的容积由大逐渐减小，压力升高，并通过配油轴上的压油窗口 b 将压力油压入液压系统。回转缸体每转一转，每个柱塞各吸、压油一次。若使定子水平移动，改变定子 4 与回转缸体 2 的偏心距 e，则可改变泵的排量；若使定子移动，改变偏心距的方向（即由正值改变为负值），则排油的方向也改变，即成为双向径向柱塞变量泵。

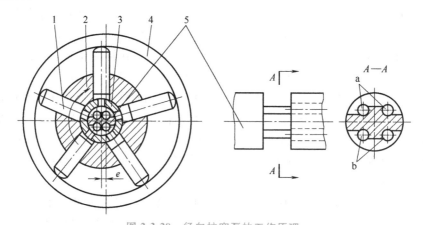

图 2-3-20　径向柱塞泵的工作原理

1—柱塞　2—回转缸体　3—青铜衬套　4—定子　5—配油轴

　　径向柱塞泵的性能稳定，耐冲击性能好，工作可靠，其容积效率可达 $0.94 \sim 0.98$，也易于形成高压，多用于工作压力为 10MPa 以上的液压系统中。例如，龙门刨床、拉床、液压压力机等设备的液压系统，目前仍采用这种径向柱塞泵。

4. 液压泵的选用

　　在设计液压系统时，应根据系统所需的压力、流量、使用要求、工作环境等合理选择液压泵的规格及结构形式。液压系统常用液压泵的性能比较见表 2-3-1。

　　一般在负载小、功率小的机械设备中，可用齿轮泵、双作用叶片泵；精度较高的机械设备可用螺杆泵和双作用叶片泵；在负载较大并有快速和慢速工作行程的机械设备中可使用限压式变量叶片泵；在负载大、功率大的机械设备中可使用柱塞泵。

表 2-3-1　液压系统常用液压泵的性能比较

性能	外啮合齿轮泵	双作用叶片泵	限压式变量叶片泵	柱塞泵
输出压力	低压	中压	中压	高压
流量调节	不能	不能	能	能
效率	低	较高	较高	高
输出流量脉动	很大	很小	一般	一般
自吸特性	好	较差	较差	差
价格	较低	较低	一般	高
对油液的污染敏感性	大	小	较大	大
噪声	大	小	较小	大

学习任务二　高速压力机液压回路识读

【课堂工作页】

1. 请你结合所学补充高速压力机液压回路中各元件的名称。

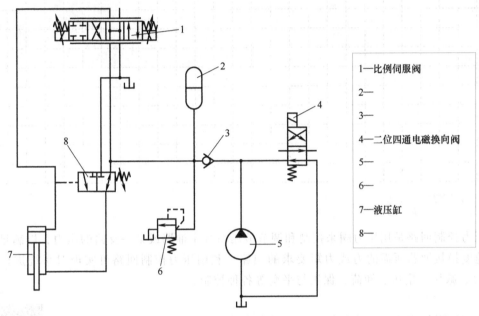

1—比例伺服阀

2—

3—

4—二位四通电磁换向阀

5—

6—

7—液压缸

8—

2. 请结合上图，分析压力机工作过程中的液压回路，分别描述快速下降过程、慢速加压、快速返回过程的油路情况。

快速下降过程：＿＿＿＿＿＿＿＿＿＿＿＿＿＿＿＿＿＿＿＿＿＿＿＿＿＿＿＿＿＿＿＿＿

＿＿＿

＿＿＿

＿＿＿

慢速加压：＿＿＿＿＿＿＿＿＿＿＿＿＿＿＿＿＿＿＿＿＿＿＿＿＿＿＿＿＿＿＿＿＿＿＿＿

＿＿＿

＿＿＿

＿＿＿

快速返回过程：＿＿＿＿＿＿＿＿＿＿＿＿＿＿＿＿＿＿＿＿＿＿＿＿＿＿＿＿＿＿＿＿＿＿

＿＿＿

＿＿＿

＿＿＿

3. 抄绘高速压力机液压回路。

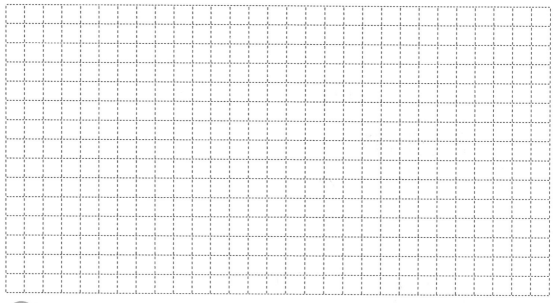

【知识链接】

压力控制回路是用压力阀来控制和调节液压系统主油路或某一支路的压力，以满足执行元件速度换接回路所需的力或力矩要求的回路。利用压力控制回路可实现对系统进行调压（稳压）、减压、增压、卸荷、保压与平衡等各种控制。

1. 调压及限压回路

当液压系统工作时，液压泵应向系统提供所需压力的液压油，所以要设置调压或限压回路。当液压泵一直工作在系统的调定压力时，就要通过溢流阀调节并稳定液压泵的工作压力。在变量泵系统中或旁路节流调速系统中用溢流阀（当安全阀用）限制系统的最高安全压力。当系统在不同的工作时间内需要有不同的工作压力时，可采用二级或多级调压回路。

9 压力控制回路

（1）单级调压回路 如图 2-3-21a 所示，液压泵 1 和溢流阀 2 并联，即可组成单级调压回路。通过调节溢流阀的压力，可以改变泵的输出压力。当溢流阀的调定压力确定后，液压泵就在溢流阀的调定压力下工作，从而实现了对液压系统进行调压和稳压控制。如果将液压

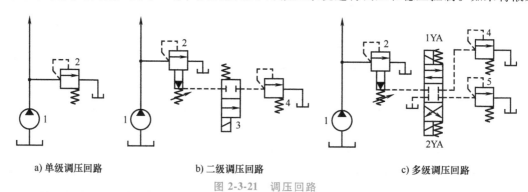

a) 单级调压回路　　　　b) 二级调压回路　　　　　c) 多级调压回路

图 2-3-21　调压回路

1—液压泵　2、4、5—溢流阀　3—二位二通电磁阀

泵 1 改换为变量泵，这时溢流阀将作为安全阀来使用。液压泵的工作压力低于溢流阀的调定压力时，溢流阀不工作。当系统出现故障，液压泵的工作压力上升时，一旦压力达到溢流阀的调定压力，溢流阀将开启，并将液压泵的工作压力限制在溢流阀的调定压力下，使液压系统不致因压力过载而受到破坏，从而保护了液压系统。

（2）二级调压回路　图 2-3-21b 所示为二级调压回路，该回路可实现两种不同的系统压力控制。由先导式溢流阀 2 和直动式溢流阀 4 各调一级，当二位二通电磁阀 3 处于图示位置时，系统压力由阀 2 调定，当阀 3 得电后处于右位时，系统压力由阀 4 调定，但要注意：阀 4 的调定压力一定要小于阀 2 的调定压力，否则不能实现二级调压；当系统压力由阀 4 调定时，先导式溢流阀 2 的先导阀口关闭，但主阀开启，液压泵的溢流流量经主阀回油箱，这时阀 4 也处于工作状态，并有油液通过。应当指出，若将阀 3 与阀 4 对换位置，仍可进行二级调压，并且在二级压力转换点上获得比图 2-3-21b 所示回路更为稳定的压力转换。

（3）多级调压回路　图 2-3-21c 所示为三级调压回路，三级压力分别由溢流阀 2、4、5 调定，当电磁铁 1YA、2YA 失电时，系统压力由主溢流阀 2 调定。当 1YA 得电时，系统压力由阀 4 调定。当 2YA 得电时，系统压力由阀 5 调定。在这种调压回路中，阀 4 和阀 5 的调定压力要低于主溢流阀 1 的调定压力，而阀 2 和阀 3 的调定压力之间没有关系。当阀 4 或阀 5 工作时，阀 4 或阀 5 相当于阀 1 上的另一个先导阀。

2. 减压回路

当液压泵的输出压力是高压而局部回路或支路要求低压时，可以采用减压回路，如机床液压系统中的定位、夹紧、分度回路以及液压元件的控制油路等，它们往往要求比主油路较低的压力。减压回路较为简单，一般是在所需低压的支路上串接减压阀。采用减压回路虽能方便地获得某支路稳定的低压，但缺点是压力油经过减压阀时会产生压力损失。

最常见的减压回路为通过定值减压阀与主油路相连，如图 2-3-22a 所示。回路中的单向阀为主油路压力降低（低于减压阀调整压力）时防止油液倒流，起短时保压作用，减压回路中也可以采用类似两级或多级调压的方法获得两级或多级减压。图 2-3-22b 所示为利用先导式减压阀 1 的远控口接一远控溢流阀 2，则可由阀 1、阀 2 各调得一种低压。但要注意，阀 2 的调定压力值一定要低于阀 1 的调定减压值。

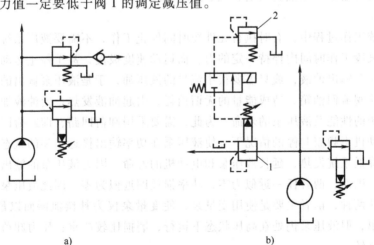

a)　　　　　　　　　　b)

图 2-3-22　减压回路

1—先导式减压阀　2—远控溢流阀

为了使减压回路工作可靠，减压阀的最低调整压力不应小于 0.5MPa，最高调整压力至少应比系统压力小 0.5MPa。当减压回路中的执行元件需要调速时，调速元件应放在减压阀的后面，以避免减压阀泄漏（指由减压阀泄油口流回油箱的油液）对执行元件的速度产生影响。

3. 增压回路

如果系统或系统的某一支油路需要压力较高但流量又不大的压力油，而采用高压泵又不经济，或者根本就没有必要增设高压泵时，就常采用增压回路，这样不仅易于选择液压泵，而且系统工作较可靠，噪声小。增压回路中提高压力的主要元件是增压缸或增压器。

（1）单作用增压缸的增压回路 图 2-3-23a 所示为利用增压缸的单作用增压回路，当系统在图示位置工作时，系统的供油压力 p_1 进入增压缸的大活塞腔，此时在小活塞腔即可得到所需的较高压力 p_2；当二位四通电磁换向阀右位接入系统时，增压缸返回，辅助油箱中的油液经单向阀补入小活塞。因而该回路只能间歇增压，所以称为单作用增压回路。

（2）双作用增压缸的增压回路 图 2-3-23b 所示为采用双作用增压缸的增压回路，能连续输出高压油，在图示位置，液压泵输出的压力油经换向阀 5 和单向阀 1 进入增压缸左端大、小活塞腔，右端大活塞腔的回油通油箱，右端小活塞腔增压后的高压油经单向阀 4 输

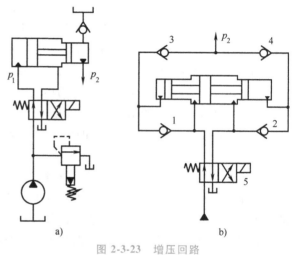

图 2-3-23　增压回路
1~4—单向阀　5—换向阀

出，此时单向阀 2、3 被关闭。当增压缸活塞移到右端时，换向阀得电换向，增压缸活塞向左移动。同理，左端小活塞腔输出的高压油经单向阀 3 输出，这样，增压缸的活塞不断往复运动，两端便交替输出高压油，从而实现了连续增压。

4. 卸荷回路

在液压系统工作过程中，有时执行元件短时间停止工作，不需要液压系统传递能量，或者执行元件在某段工作时间内保持一定的力，而运动速度极慢，甚至停止运动，在这种情况下，不需要液压泵输出油液，或只需要很小流量的液压油，于是液压泵输出的液压油全部或绝大部分从溢流阀流回油箱，造成能量的无谓消耗，引起油液发热，使油液加快变质，而且还影响液压系统的性能及液压泵的寿命。为此，需要采用卸荷回路，即卸荷回路的功用是在液压泵驱动电动机不频繁起停的情况下，使液压泵在功率输出接近零的状态下运转，以减少功率损耗，降低系统发热，延长液压泵和电动机的寿命。因为液压泵的输出功率为其流量和压力的乘积，因而，两者任一近似为零，功率损耗即近似为零。因此液压泵的卸荷有流量卸荷和压力卸荷两种，前者主要是使用变量泵，使变量泵仅为补偿泄漏而以最小流量运转，此方法比较简单，但液压泵仍处在高压状态下运行，磨损比较严重；压力卸荷的方法是使泵在接近零压下运转。

常见的压力卸荷方式有以下几种：

130

（1）换向阀卸荷　M、H 和 K 型中位机能的三位换向阀处于中位时，泵即卸荷。图 2-3-24 所示为采用 M 型中位机能电液换向阀的卸荷回路，这种回路切换时压力冲击小，但回路中必须设置单向阀，以使系统能保持 0.3MPa 左右的压力，供操纵控制油路之用。

（2）用先导式溢流阀的远程控制口卸荷　图 2-3-21b 中若去掉远程溢流阀 4，使先导式溢流阀 2 的远程控制口直接与二位二通电磁阀 3 相连，便构成一种用先导式溢流阀的卸荷回路，如图 2-3-25 所示。这种卸荷回路卸荷压力小，切换时冲击也小。

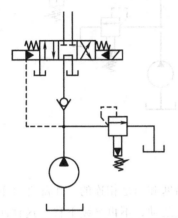

图 2-3-24　M 型中位机能电液换向阀卸荷回路

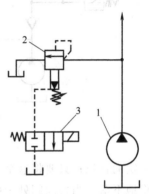

图 2-3-25　先导式溢流阀远程控制口卸荷
1—液压泵　2—先导式溢流阀　3—二位二通电磁阀

5. 保压回路

在液压系统中，常要求液压执行机构在一定的行程位置上停止运动或在有微小的位移下稳定地维持住一定压力，这就要采用保压回路。最简单的保压回路是密封性能较好的液控单向阀的回路，但是，阀类元件处的泄漏使得这种回路的保压时间不能维持太久。常用的保压回路有以下几种：

（1）利用液压泵的保压回路　利用液压泵的保压回路也就是在保压过程中，液压泵仍以较高的压力（保压所需压力）工作，此时，若采用定量泵，则压力油几乎全经溢流阀流回油箱，系统功率损失大，易发热，故只在小功率的系统且保压时间较短的场合下才使用；若采用变量泵，在保压时泵的压力较高，但输出流量几乎等于零，因而液压系统的功率损失小，这种保压方法能随泄漏量的变化而自动调整输出流量，因而其效率也较高。

（2）利用蓄能器的保压回路　如图 2-3-26a 所示的回路，当主换向阀在左位工作时，液压缸向前运动且压紧工件，进油路压力升高至调定值，压力继电器动作使二通阀通电，液压泵即卸荷，单向阀自动关闭，液压缸则由蓄能器保压。缸压不足时，压力继电器复位使液压泵重新工作。保压时间的长短取决于蓄能器容量，调节压力继电器的工作区间即可调节液压缸中压力的最大值和最小值。图 2-3-26b 所示为多缸系统中的保压回路，当主油路压力降低时，单向阀关闭，支路由蓄能器保压补偿泄漏，压力继电器的作用是当支路压力达到预定值时发出信号，使主油路开始动作。

6. 平衡回路

平衡回路的功用在于防止竖直或倾斜放置的液压缸和与之相连的工作部件因自重而自行下落。图 2-3-27a 所示为采用单向顺序阀的平衡回路，当 1YA 得电后活塞下行时，回油路上

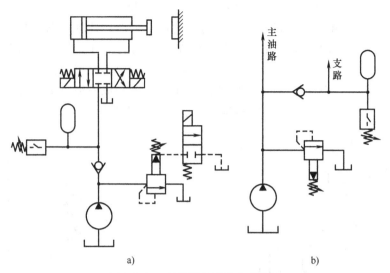

图 2-3-26 利用蓄能器的保压回路

就存在着一定的背压；只要将这个背压调得能支承住活塞和与之相连的工作部件自重，活塞就可以平稳地下落。当换向阀处于中位时，活塞就停止运动，不再继续下移。这种回路当活塞向下快速运动时功率损失大，锁住时活塞和与之相连的工作部件会因单向顺序阀和换向阀的泄漏而缓慢下落，因此它只适用于工作部件自重不大、活塞锁住时定位要求不高的场合。

图 2-3-27b 所示为采用液控顺序阀的平衡回路。当活塞下行时，控制压力油打开液控顺序阀，背压消失，因而回路效率较高；当停止工作时，液控顺序阀关闭以防止活塞和工作部件因自重而下降。这种平衡回路的优点是只有上腔进油时活塞才下行，比较安全可靠；其缺点是活塞下行时平稳性较差。这是因为活塞下行时，液压缸上腔油压降低，将使液控顺序阀关闭。当顺序阀关闭时，因活塞停止下行，使液压缸上腔油压升高，又打开液控顺序阀。因此液控顺序阀始终工作于启闭的过渡状态，因而影响工作的平稳性。这种回路适用于运动部件自重不是很大、停留时间较短的液压系统中。

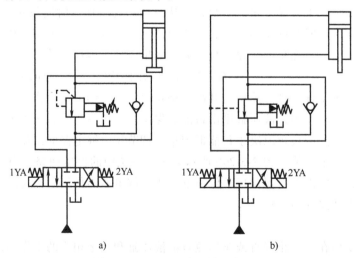

图 2-3-27　采用顺序阀的平衡回路

学习任务三　高速压力机液压回路装调

【课堂工作页】

1. 请你查询资料，比较企业与学校实验室在液压安全操作规程方面的主要异同，并填写下表。

企业生产场所关于液压的安全操作规程(列出你认为具有代表性的,至少3条)	
学校实验室关于液压的安全操作规程(列出你认为具有代表性的,至少3条)	
相同点	
不同点	

2. 在实验台上搭建高速压力机液压回路，并完成调试。完成相关步骤后，请在前面方框内标注"√"。

□ 选择本次任务所需元件。

□ 根据高速压力机液压回路，将所需元件牢固地安装在铝合金底板或电器安装板上。

□ 检查并确保所有油管已正确连接。

□ 经指导教师确认安装无误后，先启动电源，再起动液压泵。

□ 按照任务要求，对液压回路进行调试。

□ 先关闭液压泵，再关闭电源。

□ 在拆卸回路前，确保液压元件中的压力已释放，注意只能在零压力下拆卸元件。

□ 清理工位。

【注意】

1) 当液压泵开启时，液压缸可能会意外伸出。

2) 在操作过程中，不能超过液压系统最大容许工作压力。

3. 记录你在装调控制回路过程中出现的问题，请说明问题产生的原因和排除方法。

问题	
原因	
排除方法	

【拓展任务】

1. 根据所学知识，完成数控机床先定位后夹紧动作液压回路的设计。

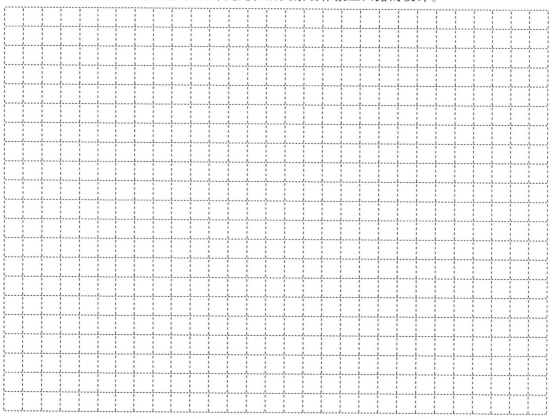

2. 思考在液压系统中，要实现顺序动作，都有哪些实现方法？请至少写出两种。

方法一：_____

方法二：_____

项目四

磨床工作台液压控制回路的设计与装调

【知识要求】

1）能说出磨床工作台液压系统的基本组成。
2）能说出液压系统速度控制回路的工作原理。
3）了解节流阀的结构及工作原理。
4）了解磨床工作台液压控制回路的工作过程。

【能力要求】

1）具有设计磨床工作台液压控制回路的能力。
2）能正确选择节流阀。
3）能根据任务要求，设计简单的速度控制回路。
4）能完成磨床工作台液压控制回路的安装和调试。

【素质要求】

1）遵守安全守则，严格执行安全技术操作规程，具备安全实践的能力。
2）学习目的明确，态度端正，具备合作意识及动手能力。
3）具有良好的行为习惯及团队协作能力。
4）虚心学习，注意听讲，认真观察示范操作。

【项目情境描述】

液压技术是实现各类机械装备传动及控制的重要技术手段。平面磨床是以砂轮的周边磨削工件的各种平面和复杂成形面，如图 2-4-1 所示，使用范围很广。液压平面磨床工作台的纵、横向进给运动采用了液压驱动。它是怎样控制磨削方向和速度的呢？本项目将引导学生探索磨床工作台液压系统的工作原理，搭建一个速度控制回路，从而了解液压传动中的速度控制。

项目要求：根据磨床工作台液压控制系统的工作原理，绘制磨床工作台液压控制回路，并在实验台上完成搭建和调试。

安全事项：

为了避免在项目实施过程中引起人员受伤和设备损坏，请遵守以下内容：

1）液压元件要轻拿轻放，不能掉下，以防伤人。注意：毛刺、沾油元件容易脱手。

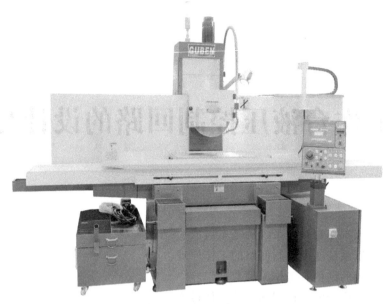

图 2-4-1　平面磨床

2）液压元件之间管路连接要确保可靠，防止漏油。

3）回路搭建完成，须经指导教师确认无误后，方可起动回路。

4）不要在实验台上放置无关物品。

5）安全用电，保证在断电情况下插线、拔线。

<h2 style="text-align:center">学习任务一　液压元件认识与选用</h2>

　　磨床工作台液压系统由节流阀（或调速阀）、工作台液压缸、单向阀、换向阀、液压泵、过滤器、管路、油箱等组成，本次任务我们将一起认识节流阀及调速阀等液压元件，并完成节流阀的选用。

一、任务分析

　　磨床工作台液压系统中工作台液压缸的运动速度取决于两个方面的因素：液压缸的有效作用面积和流入液压缸的油液流量，而通常液压缸的有效作用面积在制造完成后已经是确定的，因此，影响液压缸运动速度的因素主要是流入液压缸的油液流量。

　　平面磨床工作台要实现速度可调的往复运动，只需要调节进入工作台液压缸的油液流量即可。在液压系统中，通过调节进入液压缸的油液流量从而改变液压缸运动速度的元器件称为流量控制阀，流量控制阀中最常用的是节流阀和调速阀。下面我们就来学习节流阀和调速阀的结构及工作原理等知识。

二、液压元件认识

1. 节流阀

10 流量控制阀

（1）节流阀介绍　节流阀是流量控制阀中最简单而又最基本的一种形式。节流阀用在定量泵系统中与溢流阀并联，通过改变节流口大小，改变液阻，从而调节流量，实现并联油路流量的重新分配。对节流阀有如下基本要求：

1）调速比要大，即要有足够的流量调节范围，在整个调节范围内要求流量变化均匀。

2）流量要稳定，即当油温变化引起油的黏度变化时，通过节流阀的流量变化要小。

3）要有足够的刚性，即节流前后的压差发生变化时，通过节流口的流量变化要小。

4）抗堵塞性要好，即为了得到较低的最小稳定流量，要求节流阀不易堵塞。

5）节流压力损失要小。

显然，上述基本要求是互为制约的，一个节流阀不可能同时满足所有要求，只能根据具体的使用要求满足其中几项。

（2）节流阀的结构及工作原理　如图 2-4-2 所示，压力油从进油口 P_1 流入，经节流口从 P_2 流出。节流口的形式为轴向三角沟槽式。作用于节流阀阀芯上的力是平衡的，因而调节力矩较小，便于在高压下进行调节。当调节节流阀的手轮时，可通过顶杆推动节流阀阀芯向下移动。节流阀阀芯的复位靠弹簧力来实现，节流阀阀芯的上下移动改变着节流口的开口量，从而实现对流体流量的调节。

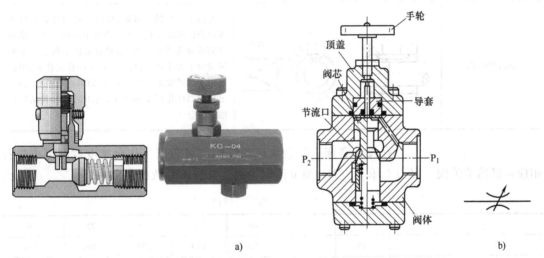

a)　　　　　　　　　　　　　　　　　　　　b)

图 2-4-2　节流阀的结构原理及符号

（3）节流阀的节流口形式与特征　节流口是节流阀的关键部位，节流口形式及其特征在很大程度上决定着流量控制阀的性能。节流口形式见表 2-4-1。

表 2-4-1　节流口形式

节流口形式	节流口示意图	特点及应用
针阀式		针阀做轴向移动时，调节了环形通道的大小，由此改变了流量。这种结构加工简单，但节流口长度大，水力半径小，易堵塞，流量受油温变化的影响也大，一般用于要求较低的场合

（续）

节流口形式	节流口示意图	特点及应用
偏心式		阀芯上开一个截面为三角形（或矩形）的偏心槽，当转动阀芯时，就可以改变通道大小，由此调节了流量。偏心式结构因阀芯受径向不平衡力，高压时应避免采用
轴向三角槽式		阀芯端部开有一个或两个斜的三角槽，轴向移动阀芯就可以改变三角槽通流面积，从而调节了流量。在高压阀中有时在轴端铣两个斜面来实现节流。轴向三角槽式节流口的水力半径较大，小流量时的稳定性较好
缝隙式		阀芯上开有狭缝，油液可以通过狭缝流入阀芯内孔再经左边的孔流出，旋转阀芯可以改变缝隙的通流面积大小。这种节流口可以做成薄刃结构，从而获得较小的稳定流量，但是阀芯受径向不平衡力，故只适用于低压节流阀中
轴向缝隙式		套筒上开有轴向缝隙，轴向移动阀芯就可以改变缝隙的通流面积大小。这种节流口可以做成单薄刃或双薄刃式结构，流量对温度不敏感。在小流量时水力半径大，故小流量时的稳定性好，因而可用于性能要求较高的场合（如调速阀中）。但节流口在高压作用下易变形，使用时应改善结构的刚度

（4）节流阀的选用　在设计磨床工作台液压系统时，可根据工作台速度控制需求选择相应规格的节流阀，以力士乐 MG/MK 型节流阀为例，其技术参数见表 2-4-2。

表 2-4-2　MG/MK 型节流阀技术参数

通径/mm	6	8	10	15	20	25	30
流量/(L/min)	15	30	50	140	200	300	400
压力/MPa	≤31.5						
开启压力/MPa	0.05(MK 型)						
介质	矿物油,磷酸酯液						
介质黏度/(m²/s)	$(2.8\sim380)\times10^{-6}$						
介质温度/℃	$-20\sim70$						

2. 调速阀

（1）调速阀介绍　节流阀由于刚性差，在节流开口一定的条件下，通过它的流量受工作负载变化的影响不能保持执行元件运动速度的稳定，因此只适用于执行元件负载变化不大和速度稳定性要求不高的场合。如前所述，对节流阀而言，负载的变化直接引起出口压力的改变，从而使阀前后压差改变，进而影响阀的流量稳定。由于执行元件负载的变化很难避免，因此在速度稳定性要求较高时，采用节流阀调速是不能满足要求的。因此，需要采用压力补偿来保持节流阀前后的压差不变，从而达到流量稳定。对节流阀进行压力补偿的方式是将定差减压阀与节流阀串联成一个组合阀，由定差减压阀保证节流阀前后压差恒定，这样组合的阀称为调速阀。

（2）调速阀的工作原理　调速阀是由一个定差减压阀和一个可调节流阀串联组合而成的。用定差减压阀来保证可调节流阀前后的压力差 Δp 不受负载变化的影响，从而使通过节流阀的流量保持稳定。

图 2-4-3 所示为调速阀的工作原理及其图形符号。压力为 p_1 的液压油经节流减压后以压力 p_2 进入节流阀，然后以压力 p_3 进入液压缸左腔，推动活塞以速度 v 向右运动。节流阀前后的压力差 $\Delta p=p_2-p_3$。减压阀阀芯 1 上端的油腔 b 经通道 a 与节流阀出油口相通，其油液压力为 p_3；其肩部油腔 c 和下端油腔 d 经通道 f 和 e 与节流阀进油口（即减压阀出油口）相通，其油液压力为 p_2。当作用于液压缸的负载 F 增大时，压力 p_3 也增大，作用于减压阀阀芯上端的油液压力也随之增大，使阀芯下移，减压阀进油口处的开口加大，压差减小，因而使减压阀出口（节流阀进口）处压力 p_2 增大，结果保持了节流阀前后的压差 $\Delta p=p_2-p_3$ 基本不变。当负载 F 减小时，压力 p_3 减小，减压阀阀芯上端油腔压力减小，阀芯在油腔 c 和 d 中压力油（压力为 p_2）的作用下上移，使减压阀进油口处开口减小，压差增大，因而使 p_2 随之减小，结果仍保持节流阀前后压差 $\Delta p=p_2-p_3$ 基本不变。

因为减压阀阀芯上端油腔 b 的有效作用面积 A 与下端油腔 c 和 d 的有效作用面积相等，所以在稳定工作时，不计阀芯的自重及摩擦力的影响，减压阀阀芯上的力平衡方程为

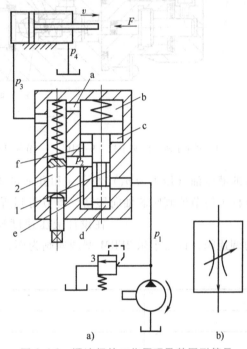

图 2-4-3　调速阀的工作原理及其图形符号
1—减压阀阀芯　2—节流阀阀芯　3—溢流阀

$$p_2A=p_3A+F_{弹簧}$$

或

$$p_2-p_3=\frac{F_{弹簧}}{A}$$

式中，p_2 为节流阀前（即减压阀后）的油液压力（Pa）；p_3 为节流阀后的油液压力（Pa）；$F_{弹簧}$ 为减压阀弹簧的弹簧作用力（N）；A 为减压阀阀芯大端有效作用面积（m^2）。

因为减压阀阀芯弹簧很软（刚度很低），当阀芯上下移动时其弹簧作用力 $F_{弹簧}$ 变化不大，所以节流阀前后的压差 $\Delta p=p_2-p_3$ 基本上不变而为一定值。也就是说当负载变化时，通过调速阀的油液流量基本不变，液压传动系统执行元件的运动速度保持稳定。

（3）调速阀的结构　如图 2-4-4 所示，调速阀由阀体 3、减压阀阀芯 7、减压阀弹簧 6、节流阀阀芯 4、节流阀弹簧 5、调节杆 2 和调速手柄 1 等组成。压力为 p_1 的液压油从进油口进入环形通道 f，经减压阀阀芯处的狭缝减压为 p_2 后到环形槽 e，再经孔 g 的节流阀阀芯的轴向三角槽节流后压力变为 p_3，由油腔 b、孔 a 从出油口流出。节流阀前的液压油（压力为 p_2）经孔 d 进入减压阀阀芯大端的右腔，并经阀芯的中心通孔流入阀芯小端的右腔。节流阀

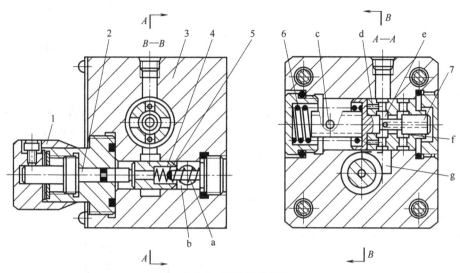

图 2-4-4　调速阀的结构

1—调速手柄　2—调节杆　3—阀体　4—节流阀阀芯　5—节流阀弹簧　6—减压阀弹簧　7—减压阀阀芯

后的液压油（压力为 p_3）经孔 a 和孔 c 进入减压阀阀芯大端的左腔。转动调速手柄通过调节杆可使节流阀阀芯轴向移动，调节得到所需的流量。

（4）调速阀的选用　在设计液压速度控制回路时，可根据速度控制需求选择相应规格的调速阀，以力士乐 2FRM 型调速阀为例，其技术规格见表 2-4-3。

表 2-4-3　2FRM 型调速阀的技术规格

介质		矿物油,磷酸酯液											
介质温度范围/℃		-20~70											
介质黏度/(mm²/s)		2.8~380											
通径/mm		5						10		16			
流量 Q/(L/min)		0.2	0.6	1.2	3	6	10	15	10	16	25	50	60	100	160
流量稳定范围(Q_{max}%)	随温度变化	±5	±3	±2					±2						
	随 Δp 变化	±2(Δp=21MPa)							±2(Δp=31.5MPa)						
A 口工作压力/MPa		21							31.5						
最低压力损失/MPa		0.3~0.5		0.6~0.8					0.3~0.7			0.5~12			
过滤精度/μm		25(Q<5L/min)；10(Q<0.5L/min)							—						
质量/kg		1.6							5.6			11.3			

3. 过滤器

（1）过滤器介绍　自从液压技术诞生，液压系统的微颗粒污染就成为液压技术发展的大敌，工作介质的污染是液压系统发生故障的主要原因。统计资料显示，液压系统的故障有75%以上是由于工作介质的污染造成的。液压油是否清洁，不仅影响液压系统的工作性能和液压元件的使用寿命，而且直接关系到液压系统能否正常工作。

过滤器的功能是清除液压系统工作介质中的固体污染物，使工作介质保持清洁，延长器件的使用寿命、保证液压元件工作性能可靠，过滤器是液压技术中不可缺少的重要液压系统附件。过滤器的性能参数主要有过滤精度、过滤能力、纳垢容量、工作压力、允许压降等；根据其安装位置及作用的不同可以分为吸油过滤器、高压过滤器、回油过滤器等。

（2）过滤器的结构及工作原理　过滤器的结构及图形符号如图 2-4-5 所示。

图 2-4-5　过滤器的结构及图形符号

过滤器主要的工作原理有两种情况：正常不堵塞情况下，液压油由管路进入过滤器，紧接着液压油从过滤器的外滤芯再流到内滤芯中，最后从过滤器出口流出；异常堵塞情况下，就会造成压力增大，当达到预定压差时，允许未过滤的液压油从管路中的过滤器旁通阀经过，或通过过滤器堵塞指示器提示清理或更换过滤器。

（3）过滤器的选用　在选用过滤器时，首先根据所设计液压系统的应用场景，选择合适的液压系统过滤精度，推荐液压系统的清洁度和过滤精度见表 2-4-4。

表 2-4-4　推荐液压系统的清洁度和过滤精度

工作类别	系统举例	油液清洁度		要求过滤精度/μm
		ISO 4406	NAS 1638	
极关键	高性能伺服阀、航空航天实验室、导弹、飞机控制系统	12/9	3	1
		13/10	4	1～3
关键	工业用伺服阀、飞机、数控机床、液压舵机、位置控制装置、电液精密液压系统	14/11	5	3
		15/12	6	3～5
很重要	比例阀、柱塞泵、注射机、潜水艇、高压系统	16/13	7	10
重要	叶片泵、齿轮泵、低速马达、液压阀、叠加阀、插装阀、机床、油压机、船舶等中高压工业用液压系统	17/14	8	1～20
		18/15	9	20
一般	车辆、土方机械、物料搬运液压系统	19/16	10	20～30
普通保护	重型设备、水压机、低压系统	20/17	11	30
		21/16	12	30～40

其次在产品样本上选用合适的相应过滤精度的过滤器，以 WU 型网式过滤器（过滤精度为 180μm）为例，其技术规格见表 2-4-5。

表 2-4-5　WU 型网式过滤器的技术规格

型号	过滤精度/μm	压力损失/MPa	流量/(L/min)	通径/mm	连接形式	生产厂家
WU-16×180			16	12	螺纹连接	温州远东液压有限公司、黎明液压有限公司、上海市高行液压气动成套有限公司
WU-25×180			25	15		
WU-40×180			40	20		
WU-63×180			63	25		
WU-100×180	180	≤0.01	100	32		
WU-160×180			160	40		
WU-250×180F			250	50	法兰连接	
WU-400×180F			400	65		
WU-630×180F			630	80		

很多液压系统都是需要调速的，那么什么是液压调速回路？它的调速方式有哪些呢？我们一起来了解。

一台机器设备的液压系统不管多么复杂，总是由一些简单的基本回路组成。所谓液压基本回路，是指由几个液压元件组成的，用来完成特定功能的典型回路。按其功能的不同，基本回路可分为压力控制回路、速度控制回路、方向控制回路、液压缸多缸动作回路以及供油基本回路等。熟悉和掌握这些回路的组成、结构、工作原理和性能，对于正确分析、选用和设计液压系统以及判断回路的故障都是十分重要的。

调速回路在液压系统中占有突出的重要地位，其工作性能的好坏，对系统的工作性能起着决定性的作用。

液压系统对调速回路的要求是：①能在规定的范围内调节执行元件的工作速度；②负载变化时，调好的速度最好不变化，或在允许的范围内变化；③具有驱动执行元件所需的力或力矩；④功率损耗要小，以便节省能量，减小系统发热。

我们知道，控制一个系统的速度就是控制液压执行机构的速度。

当液压缸设计好以后，改变液压缸的工作面积是不可能的，因此对于液压缸的回路来讲，就必须采用改变进入液压缸流量的方式来调整执行机构的速度。而在液压马达的回路中，通过改变进入液压马达的流量或改变液压马达排量都能达到调速目的。

目前主要的调速回路有：

1. 节流调速回路

在定量泵供油液压系统中，用节流阀或调速阀调节执行元件运动速度的调速回路，称为节流调速回路。这种调速回路的优点是系统速度控制响应快，根据流量控制阀安装位置的不同，节流调速回路可以分为以下几种：

11 调速回路

（1）进口节流调速回路　如图2-4-6所示，进口节流调速回路是将节流阀串接在液压缸的进油路上，泵的供油压力由溢流阀调定。调节节流阀开口面积，便可改变进入液压缸的流量，即可调节液压缸的运动速度。泵的多余流量经溢流阀流回油箱。

（2）出口节流调速回路　如图2-4-7所示，出口节流调速回路是将节流阀放置在回油路上，用它来控制从液压缸回油腔流出的流量，也就控制了进入液压缸的流量，达到调速的目的，定量泵输出的多余油液经溢流阀流回油箱，溢流阀调整压力基本保持恒定。

（3）旁路节流调速回路　如图2-4-8所示，旁路节流调速回路是将节流阀安放在与执行元件并联的支路上，用它来调节从支路流回油箱的流量，以控制进入液压缸的流量来达到调速的目的。回路中溢流阀起安全作用，泵的工作压力不是恒定的，它随负载发生变化。

2. 容积调速回路

通过改变变量泵或变量马达的排量来调节执行元件运动速度的回路，称为容积调速回路，如图2-4-9所示。

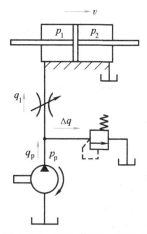

图 2-4-6　进口节流调速回路

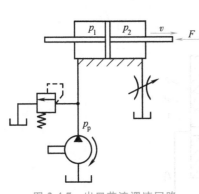

图 2-4-7 出口节流调速回路

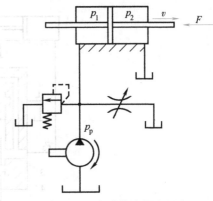

图 2-4-8 旁路节流调速回路

这种调速回路无溢流损失和节流损失，故效率高、发热量少，但系统速度控制响应较低、低速稳定性较差，因此适用于高压大流量的大型机床、液压机、工程机械等大功率设备的液压系统。

3. 容积节流调速回路

综合利用流量阀及变量泵来共同调节执行机构运动速度回路，称为容积节流调速回路，如图 2-4-10 所示。

这种调速回路无溢流损失，有节流损失，其效率比节流调速回路高，但比容积调速回路低，采用流量阀调节进入液压缸的流量，克服了变量泵在负荷大、压力高时漏油大、运动速度不平稳的缺点，因此这种回路常用于空载需要快速运动、承载时需要稳定的各种低速中等功率机械设备液压系统中。

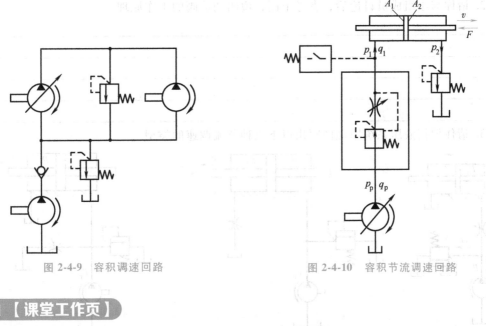

图 2-4-9 容积调速回路   图 2-4-10 容积节流调速回路

【课堂工作页】

1. 请你根据所学，参照下图所示，描述液压速度控制回路的组成及各部分作用，在表格中补充完整。

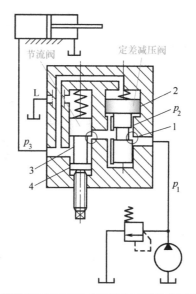

组成部分	作用
液压源	
	液压速度控制基本回路的核心部件
	液压速度控制基本回路的输出部件
传感器	
控制器	

2. 请你与小组成员讨论后，参考上图，说明调速阀的工作原理。

_____

_____

_____

_____

3. 请你根据液压系统原理图写出以下三种节流调速的类型。

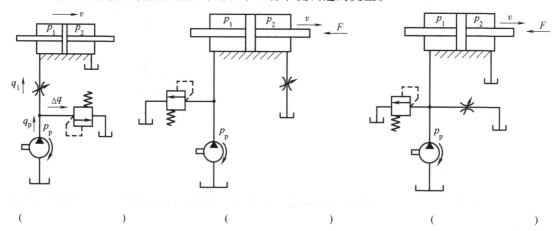

(　　　　　　　)　　　　(　　　　　　　)　　　　(　　　　　　　)

【知识链接二】

平面磨床的工作知识

平面磨床主要用砂轮旋转研磨工件以使其达到要求的平整度。根据工作台形状可分为矩形工作台平面磨床和圆形工作台平面磨床两种。矩形工作台平面磨床的主参数为工作台宽度及长度，圆形工作台平面磨床的主参数为工作台面直径。根据轴类的不同可分为卧轴平面磨床及立轴平面磨床。

平面磨床作业中应注意以下事项：

1）打开平面磨床主电源开关，打开磁吸开关，按液压泵和砂轮起动键，进行空转操作。确认各部件正常工作后，方可进行正式操作。

2）起动时，依次打开磁吸、液压泵、砂轮、行走开关。加工时，严格控制进给量，防止砂轮和工件损坏过多。一般来说，对于再制造的磁芯，一般选用树脂黏合型砂轮，每次进给量不超过 0.2mm，一次进给量和后一次进给量控制在 0.1mm 以内。对于直接气隙型磁芯，一般采用金属胶粘砂轮，每次进给量不超过 0.1mm，一次进给量和终进给量控制在 0.05mm 以内。

3）工作台移动前，应确保安装的工件整齐、牢固，禁止锤击砂轮或机床工作台，禁止在控制台上放任意东西，以免损坏机床，影响加工精度。

4）运行中发现异常情况，应立即停止运行，关闭设备电源，通知相关维修人员进行维修；

5）装卸砂轮时应切断电源，并在工作台上垫木板。在安装砂轮之前，需要确保砂轮已经过平衡和校准。定期使用专用工具（金刚石修整器或工件）修整砂轮和用水平仪找正工作台的水平，一般每周检查一次，检查机床是否工作正常。当磨削后工件变形或一致性不好时，应立即修整砂轮和找正工作台。

6）工件的长度和宽度不可以超过工作台的长度和宽度。

7）自动加工时需要使用定位保险设备。快速进给时，手柄位置应固定，工作台的工作范围内不可以有人或物接近，注意工作台的移动，防止碰撞事故发生。

8）对各个磨削工件进行抽样检验（对磁芯，抽样比例为 3%，其余视工件标准而定），抽样结果全部符合技术要求后，方可将工件取出。

9）砂轮在磨削过程中未离开工作台时，禁止停车。停车时，先停止打磨槽的刨削，然后依次停止水泵、砂轮、油泵，消磁后方可取出工件。

10）平面磨床工作时，操作人员注意力应集中，不可以做与工作无关的事情。

学习任务二　磨床工作台液压控制回路设计

一个完整的液压控制系统是由动力元件、执行元件、控制元件及液压附件组成的。磨床工作台液压控制系统属于速度控制回路中的一种，在本学习任务中，我们将一起认识速度控制回路的组成及工作原理，完成磨床工作台液压控制回路设计。

一、速度控制回路

液压传动系统中的速度控制回路包括调节液压执行元件速度的调速回路、使之获得快速运动的快速回路、快速运动和工作进给速度以及工作进给速度之间的速度换接回路。其中调速回路根据调速原理和使用的液压元件的不同又可分为节流调速回路、容积调速回路、容积节流调速回路三种。

本学习任务中磨床工作台液压控制回路采用的调速方式是节流调速中的出口节流调速，因为出口节流调速回路串联了节流阀，使液压系统存在一定的背压，具有更好的速度稳定性。

二、磨床工作台节流调速液压控制回路设计

磨床工作台液压缸为一双作用双出杆式液压缸，为了使工作台在往复运动时工作平稳，采用出口节流调速回路，如图 2-4-11 所示。

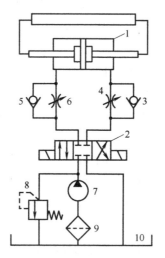

图 2-4-11　磨床工作台节流调速液压控制回路
1—工作台液压缸　2—换向阀　3、5—单向阀　4、6—节流阀
7—液压泵　8—溢流阀　9—过滤器　10—油箱

液压泵 7 将高压油液输出至换向阀 2，换向阀 2 左侧电磁铁通电，换向阀切换至左位，高压油液通过换向阀左位及单向阀 5 流入液压缸 1 左侧，推动液压缸带动工作台向右动作，液压缸回油经过节流阀 4 和换向阀 2 的右位通道流回油箱，完成工作台向右移动；工作台向左移动时，原理相似，只是换向阀处于右位工作状态。

其中，液压缸带动工作台的移动速度可以由节流阀 4、6 进行调节，通过调节节流阀的开度大小，即可控制磨床工作台的运动速度，多余流量经过溢流阀 8 溢流回油箱。

【课堂工作页】

1. 下表中为磨床工作台液压控制回路涉及的部分液压元件，请你查阅资料，补充各液压元件的图形符号及其在液压系统中的作用。

液压元件名称	图形符号	作用
节流阀	---*---	
调速阀		保证节流阀前后压力差恒定
溢流阀		
液压过滤器		

2. 请你结合所学补充磨床工作台液压控制回路中各元件的名称。

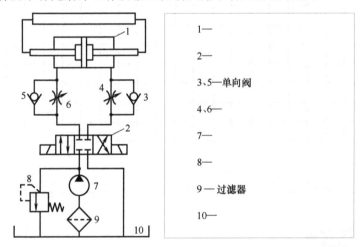

1—
2—
3、5—单向阀
4、6—
7—
8—
9—过滤器
10—

3. 绘制磨床工作台液压控制回路。

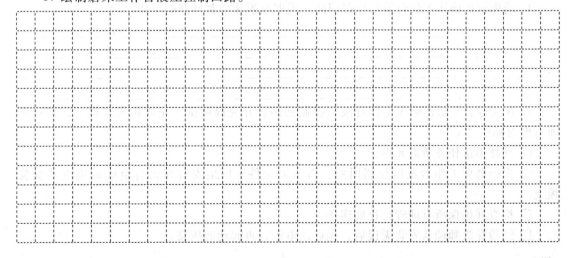

4. 结合本项目学习的节流阀与调速阀相关内容，与小组成员讨论，对磨床工作台液压控制回路进行优化，并绘制出优化后的磨床工作台液压控制回路。

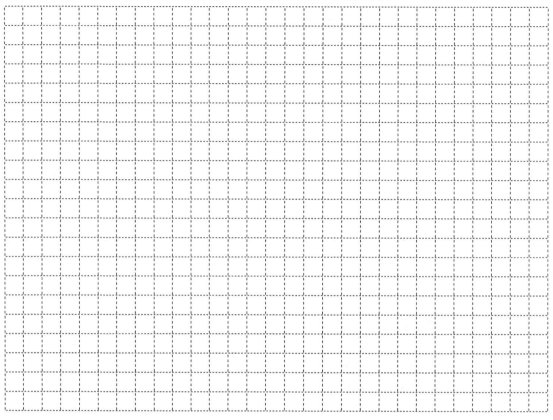

学习任务三　磨床工作台液压控制回路装调

【课堂工作页】

1. 请你根据磨床工作台液压控制回路，说明该液压控制回路的工作原理。

_____

_____

_____

2. 在实验台上搭建磨床工作台液压控制回路，并完成调试。完成相关步骤后，请在前面方框内标注"√"。

　□ 选择本次任务所需元件。

　□ 根据磨床工作台液压控制回路，将所需元件牢固地安装在铝合金底板或电器安装板上。

　□ 检查并确保所有油管已正确连接。

　□ 经指导教师确认安装无误后，先启动电源，再起动液压泵。

□ 按照任务要求，对液压回路进行调试。

□ 先关闭液压泵，再关闭电源。

□ 在拆卸回路前，确保液压元件中的压力已释放，注意只能在零压力下拆卸元件。

□ 清理工位。

【注意】

1）当液压泵开启时，液压缸可能会意外伸出。

2）在操作过程中，不能超过液压系统最大容许工作压力。

3. 记录你在装调控制回路过程中出现的问题，请说明问题产生的原因和排除方法。

问题	
原因	
排除方法	

液压压力机装置电、液控制回路的设计与装调

1）能说出液压压力机装置的基本组成。
2）了解液压压力机装置的基本原理。
3）能说出液压压力机装置的工作原理。
4）了解液压压力机装置电、液控制回路的组成。

【能力要求】

1）具有正确识别液压压力机装置系统各组成部分的能力。
2）能正确选用液压元件。
3）能根据任务要求，设计液压压力机装置电、液控制回路。
4）能完成液压压力机装置电、液控制回路的安装和调试。

【素质要求】

1）遵守现场操作的职业规范，具备安全、整洁、规范实施工作任务的能力。
2）树立吃苦耐劳的工作精神。
3）以积极的态度对待学习，具有团队交流和协作能力。
4）具有发现问题、分析问题及解决问题的能力。

【项目情境描述】

液压压力机是锻压、冲压、冷挤、校直、弯曲、粉末冶金、成形、打包等工艺中广泛应用的压力加工机械，如全屋定制中的薄板就是经过液压压力机压制加工而成的，系统以压力控制为主，压力高，流量大，并且压力值的变化大。图 2-5-1 所示为液压压力机工作示意图。

本项目需根据液压压力机的工作原理，按照客户对液压压力机的功能要求进行改装设计，实现利用电气、液压控制元件，控制双作用液压缸，在操作过程中，按下按钮，液压缸活塞杆伸出对薄板进行压制，当工件压制完成后，液压缸活塞杆缩回。请你根据项目要求，进行压力机装置电、液控制回路的改装设计，并在实验台上完成搭建和调试。

安全事项：

为了避免在项目实施过程中引起人员受伤和设备损坏，请遵守以下内容：

1）元件要轻拿轻放，不能掉下，以防伤人。注意：毛刺、沾油元件容易脱手。

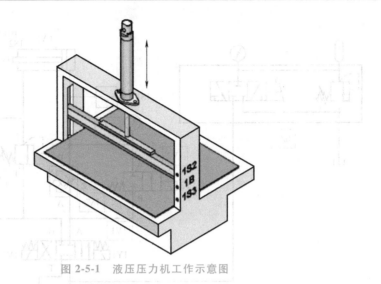

图 2-5-1　液压压力机工作示意图

2）元件连接要确保可靠。

3）回路搭建完成，须经指导教师确认无误后，方可起动回路。

4）不要在实验台上放置无关物品。

5）安全用电，保证在断电情况下插线、拔线。

学习任务一　液压元件认识与选用

液压压力机又称液压成形压力机，是一种使用各种金属与非金属材料成形加工的设备。其液压控制回路和电气控制回路分别如图 2-5-2 和图 2-5-3 所示，在液压压力机的行程中，首先执行快速行程速度，然后转换至较低速度。一旦达到末端位置（行程开关），且压力开关的压力达到设定值，回路切换到卸压回路，然后由蓄能器保持压力。如果在运行中压力降低，则液压泵工作，向液压系统输送高压油液从而使系统恢复到工作压力；如果按下急停制动按钮，则液压缸活塞杆返回至初始位置。

液压压力机由液压泵、液压缸、控制阀、蓄能器等组成。本次任务我们将一起认识压力机的工作原理，并按要求完成控制回路的改装设计及液压、电气元件选用。

一、液压压力机液压系统的工作原理分析

如图 2-5-2 所示，液压压力机液压系统的执行元件是双作用液压缸 1A，主控阀是三位四通（O 型）双电控阀 1V1。如图 2-5-3 所示，电气控制回路中，S1 是"接通压力"按钮，S2 是"关闭压力"按钮，1S2、1S3 是行程开关，1B 是电容式传感器，S3 是急停按钮，1S1 是压力继电器。

12 液压压力
机液压系统

先接通电源再打开液压泵。液压泵通过二位二通电磁阀 0V1 在零压力下向液压缸传送能量。当按下"接通压力"按钮 S1 时，三位四通双电控阀 1V1、二位二通单电控阀 1V2 和二位二通单电控阀 0V1 切换。

因此，当活塞杆前进至电容传感器 1B，二位二通单电控阀 1V2 断开。活塞杆继续以较低速度前进，该速度由单向节流阀 1V3 设定，当活塞杆达到行程开关 1S3 的位置时，不再

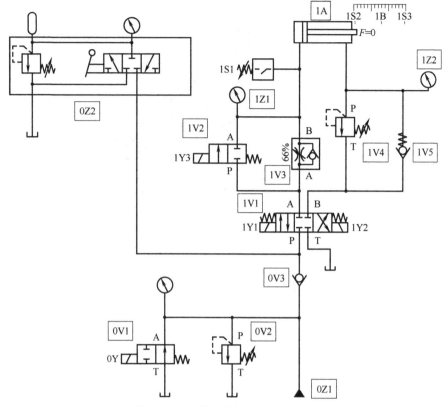

图 2-5-2　液压压力机液压控制回路

前进。一旦活塞杆达到 1S3 位置，且达到压力继电器 1S1 的设定压力，二位二通单电控阀 0V1 便切换到卸压支路上，压力由蓄能器保持。

如果在活塞杆前进或后退过程中按下急停按钮 S3，活塞杆迅速以高速返回至初始位置。当按下"关闭压力"按钮 S2 时，活塞杆同样以高速返回。

液压压力机液压元件和电器元件清单分别见表 2-5-1 和表 2-5-2。

表 2-5-1　液压压力机液压元件清单

编号	数量	名称
0Z1	1	液压泵
0V1,1V2	2	二位二通单电控阀
0V2,1V4	2	直控式溢流阀,压力顺序阀
0Z2	1	蓄能器
1V1	1	三位四通双电控阀（O 型）
1V3	1	单向节流阀
1Z1,1Z2	2	压力表
1S1	1	压力继电器
1A	1	液压缸
0V3,1V5	2	单向阀
—	12	三通接头
—	9	快插式液压油管

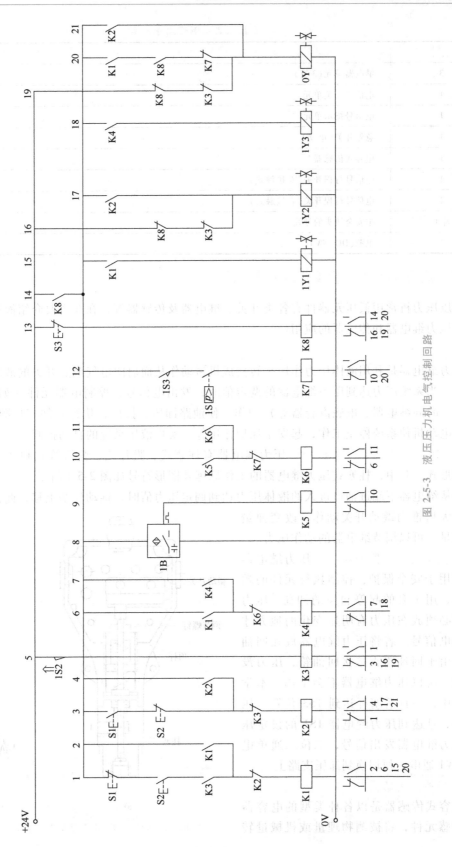

图 2-5-3　液压压力机电气控制回路

表 2-5-2　液压压力机电器元件清单

数量	名称
3	继电器单元（3 组）
1	电信号开关单元
1	电信号指示单元
1	急停开关（电动）
1	电容式传感器
1	电信号行程开关（左接触式）
1	电信号行程开关（右接触式）
若干	带安全插头的导线
1	电源（DC 24V）

二、液压压力机常用低压元器件认识

液压压力机常用低压元器件有各类开关、继电器及传感器等，在此主要介绍液压压力机系统中压力继电器和传感器的应用。

1. 压力继电器

压力继电器是利用液体压力作用来转换成机械动作从而启闭电气触点开关的液压电气转换元件。当系统压力达到压力继电器的调定值时，发出电信号，控制电器元件（如电磁铁、电动机、时间继电器、电磁离合器等）动作，使油路卸压、换向，执行元件实现顺序动作，或关闭电动机使系统停止工作，起安全保护作用等，实现液压系统的自动控制。

（1）压力继电器的工作原理　压力继电器有柱塞式、膜片式、弹簧管式和波纹管式四种结构形式。其中，柱塞式压力继电器的工作原理及图形符号如图 2-5-4 所示。

当从继电器下端进油口进入的液体压力达到调定压力值时，推动柱塞上移，此位移通过杠杆放大后推动微动开关动作。改变弹簧的压缩量，可以调节继电器的动作压力。

（2）压力继电器的应用　压力继电器主要应用于安全保护，控制执行元件的顺序动作，用于泵的起停和泵的卸荷。压力继电器必须放在压力有明显变化的地方才能输出电信号。若将压力继电器放在回油路上，由于回油路直接接回油箱，压力没有变化，所以压力继电器不会工作。本学习任务中，一旦活塞杆达到 1S3 位置，压力升高，且达到压力继电器 1S1 的设定压力，压力继电器发出信号，二位二通单电控阀 0V1 通电，便切换到卸压支路上。

2. 电容式传感器

电容式传感器是以各种类型的电容器作为传感元件，将被测物理量或机械量转

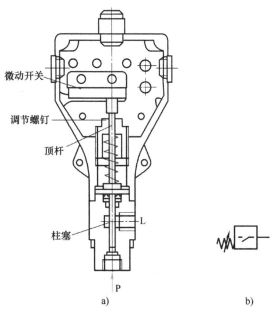

图 2-5-4　柱塞式压力继电器的工作原理及图形符号

（图中标注）微动开关　调节螺钉　顶杆　柱塞　L　P　a)　b)

换成为电容量变化的一种转换装置，实际上就是一个具有可变参数的电容器。最常用的是平行板型电容器或圆筒型电容器。电容式传感器具有结构简单、灵敏度高、动态响应特性好、适应性强、抗过载能力强及价格低等一系列优点，在自动控制中占有重要的地位。

（1）电容式传感器的工作原理　电容式传感器是以各种类型的电容器作为传感元件，由于被测量变化将导致电容器电容量变化，通过测量电路，可把电容量的变化转换为电信号输出，测知电信号的大小，可判断被测量的大小。

（2）电容式传感器的应用　电容式传感器具有结构简单、耐高温、耐辐射、分辨率高、动态响应特性好等优点，广泛用于压力、位移、加速度、厚度、振动、液位等测量中。在本学习任务中，当活塞杆前进至电容传感器 1B 时，传感器常开触点闭合，二位二通单电控阀 1V2 断开。

电容式传感器实物及图形符号如图 2-5-5 所示。

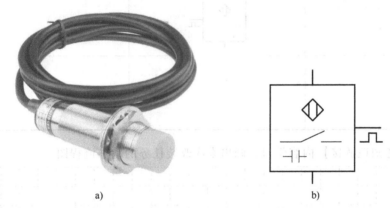

a)　　　　　　　　b)

图 2-5-5　电容式传感器实物及图形符号

【课堂工作页】

1. 请你结合教材内容，对图 2-5-2 所示液压压力机液压控制回路和图 2-5-3 所示液压压力机电气控制回路进行分析，在表格中将信息补充完整。

位置	回路描述
先接通电源，再打开液压泵	初始位
按下"接通压力"按钮 S1	
当活塞杆前进至电容传感器 1B 时	
当活塞杆达到行程开关 1S3 位置时	活塞杆此时不再前进，且同时达到压力继电器 1S1 的设定压力，二位二通单电控阀 0V1 便切换到卸压支路上，压力由蓄能器保持
若工作过程中按下急停按钮 S3	
若按下"关闭压力"按钮 S2	

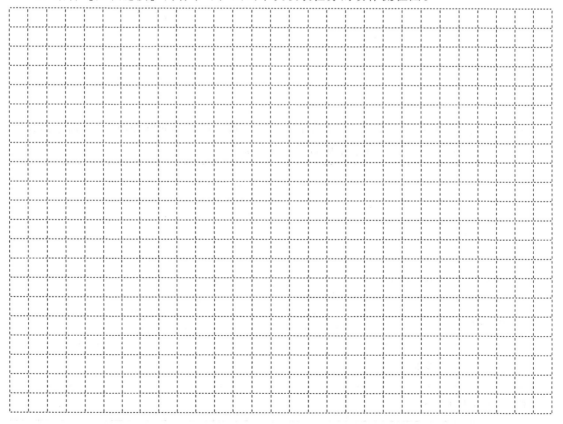

2. 请你写出完成本次回路改装功能要求需要选用哪些元件？补充完成组成电、液控制回路的主要电器元件、液压元件的图形符号以及在回路中的作用。

主要电器元件、液压元件	图形符号	在回路中的作用
行程开关 1S3	1S3	
行程阀		

3. 结合【知识链接】内容学习，画出本次改装任务的动作流程图。

 【知识链接】

1. 功能图

要解决控制任务，必须有一个清晰的、一目了然的功能图。

（1）图形的示意图符号（表 2-5-3）

表 2-5-3　图形的示意图符号

起始步	□	起始步给出控制设备的静止状态或者输出状态。在控制的一个连续过程之后,所有的元器件必须重新位于它们的输出位置
一般步	1	一个控制的个别步大多用数字表示,这里起始步得到号码 1
过渡符号	─┤─ S2	在两步之间将给出用于引出下一步的条件,例如开关 S2 在控制过程中引出下一步
有效连接	│	有效连接如果没有箭头,那么过程是从上至下
	↑	箭头显示过程从下至上

（2）用于指令的基本符号　通过控制任务的每个步释放指令，如指令格子的说明。指令格子构成如下：

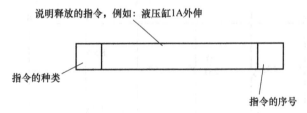

指令种类有以下几种：

S——存储的信号，例如，不带弹簧回复的阀门。

N——不存储的信号，例如，带有弹簧回复的阀门。

D——延迟，例如，延时元件。

【案例】

如图 2-5-6 所示，如果传感器 1B1 报告液压缸 1A 已经内缩并且起始按键 S1 动作，那么液压缸 1A 才外伸。如果液压缸 1A 外伸，传感器 1B2 将动作。

2. 电气、液压综合控制回路的应用

图 2-5-7 所示为液压缸顺序动作回路——液压控制回路。图示位置两液压缸活塞均退至左端点，电磁阀 3 左位接入回路后，液压缸 1 的活塞先向右运动，当活塞杆上的挡块压下行程阀 1S2 后，液压缸 2 活塞才向右运动，直到压下行程阀 2S2，电磁阀 3 右位接入回路，液

压缸 1 的活塞先退回，其挡块压下行程阀 1S1 后，液压缸 2 的活塞才退回。这种回路动作可靠，但要改变动作顺序较难。

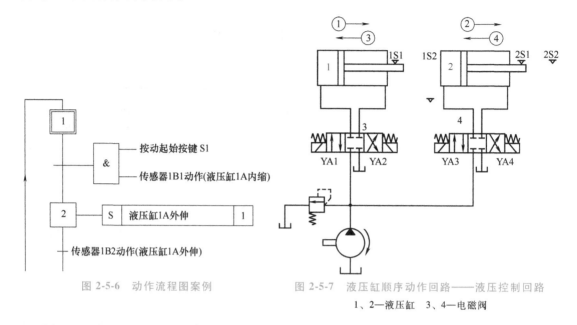

图 2-5-6 动作流程图案例

图 2-5-7 液压缸顺序动作回路——液压控制回路

1、2—液压缸 3、4—电磁阀

图 2-5-8 所示为液压缸顺序动作回路——电气控制回路。按起动按钮 START，电磁铁 YA1 得电，液压缸 1A 的活塞先向右运动，当活塞杆上的挡块压下行程开关 1S2，使电磁铁 YA3 得电后，液压缸 2A 的活塞才向右运动，直到压下行程开关 2S2，电磁铁 YA2 得电，液压缸 1A 的活塞退回，压下行程开关 1S1，使电磁铁 YA4 得电，液压缸 2A 的活塞退回。

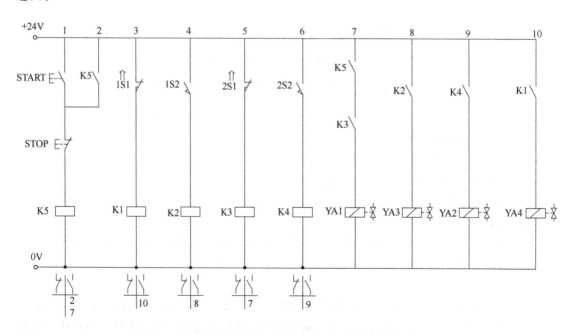

图 2-5-8 液压缸顺序动作回路——电气控制回路

图 2-5-9 所示为液压缸顺序动作回路——动作流程图。如果行程开关 2S1 报告液压缸 2A1 已经内缩并且按钮 START 动作，那么液压缸 1A 才外伸。如果液压缸 1A 外伸，行程开关 1S2 将动作。液压缸按照流程图顺序逐步完成相关动作。

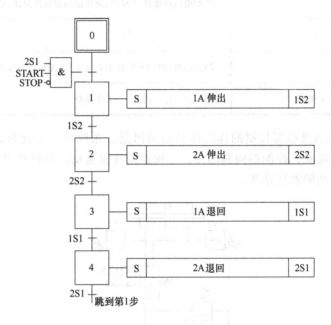

图 2-5-9   液压缸顺序动作回路——动作流程图

学习任务二   液压压力机装置电、液控制回路设计

【课堂工作页】

1. 下图为采用三位四通换向阀的换向回路，由于两个行程开关的作用，此回路可以使执行元件完成连续的自动往复运动。电磁换向阀的换向回路应用最为广泛，一般用于小流量、平稳性要求不高的场合。

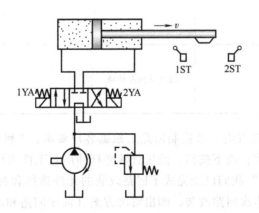

请补充完整上述回路描述：

位置	回路描述
阀处于中位时	M型滑阀机能使泵卸荷,液压缸两腔油路封闭,活塞停止
当1YA通电时	
	2YA通电,换向阀切换至右位工作,液压缸右腔进油,活塞向左移动
当滑块触动行程开关1ST时	1YA又通电,开始下一工作循环

2. 下图为用压力继电器控制的连续往复运动回路。系统压力变化后，压力继电器发出电信号，使电磁阀通断，控制换向阀动作，实现连续往复运动。该回路多应用于换向精度和换向平稳性要求不高的液压系统。

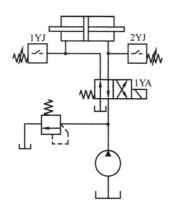

请补充完整上述回路描述：

位置	回路描述
图示位置时	活塞左移。当负载增大或活塞移动到终点后,进油压力升高使,压力继电器2YJ发信号
当1YA通电时	
	活塞又向左移动

3. 设计液压压力机装置电、液控制回路。根据客户要求，"利用电气、液压控制元件，控制双作用液压缸。要求：按下按钮，液压缸活塞杆伸出对工件进行压制；当工件压制完成后，液压缸活塞杆缩回。"我们已经完成了回路改装的元件选择和典型控制回路学习，请你和小组成员按要求完成本次回路改装，画出解决方案（液压回路和电气回路）。

① 液压回路：

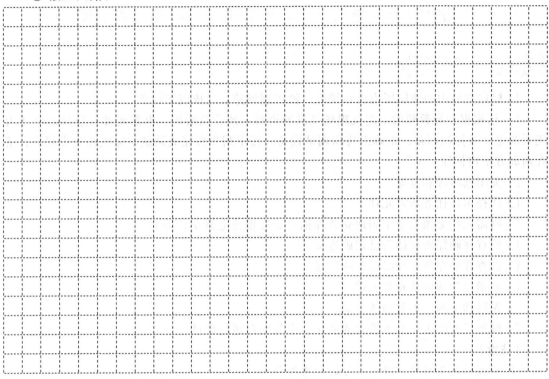

② 电气回路：

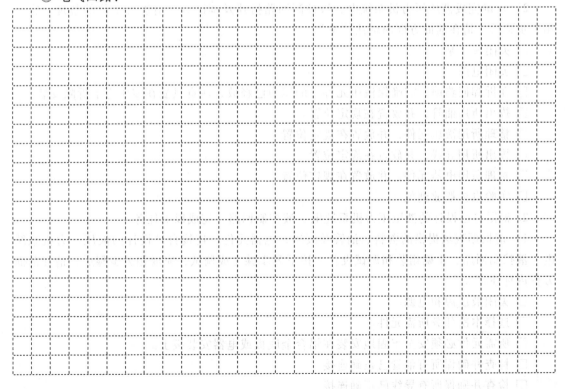

学习任务三 液压压力机装置电、液控制回路装调

【课堂工作页】

1. 根据教材中的液压压力机系统电、液控制回路，完成以下任务。

1）请根据指导教师的示范及现场提供的资料、油管及液压、电器元件，连接液压压力机系统电、液控制回路，正确组装和调试设备。按下列步骤完成调试，完成相关步骤后，请在前面方框内标注"√"。

☐ 关闭液压源和电源。

☐ 选择本次任务所需元件。

☐ 所需元件必须安全牢固地安装在铝合金底板或电器安装板上。

☐ 检查并确保所有油管已正确连接。

☐ 检查并确保所有导线已正确连接。

☐ 经指导教师确认安装无误。

☐ 先启动电源，再起动液压泵。

☐ 按照任务要求，对所搭建的液压、电气回路进行调试。

【注意】

① 当液压泵开启时，液压缸可能会意外伸出。

② 在操作过程中，不能超过液压系统最大容许工作压力。

2）正确完成液压压力机系统电、液控制回路搭建及调试后，请进行工位的整理。完成相关步骤后，请在前面方框内标注"√"。

☐ 关闭液压泵。

☐ 关闭电源。

☐ 在拆卸回路前，需确保液压元件中的压力已释放，注意只能在零压力下拆除安装。

☐ 拔出所用油管，并放置在规定位置。

☐ 整理所用液压元件，并放置在规定位置。

☐ 拔出所用导线，并放置在规定位置。

☐ 整理所用电器元件，并放置在规定位置。

☐ 实验桌椅摆放到位。

2. 根据自己设计的液压压力机系统电、液控制回路，完成以下任务。

1）请根据现场提供的资料、油管及液压、电器元件，连接自己设计的液压压力机系统电、液控制回路，正确组装和调试设备。按下列步骤完成调试，完成相关步骤后，请在前面方框内标注"√"。

☐ 关闭液压源和电源。

☐ 选择本次任务所需元件。

☐ 所需元件必须安全牢固地安装在铝合金底板或电器安装板上。

☐ 检查并确保所有油管已正确连接。

☐ 检查并确保所有导线已正确连接。

☐ 经指导教师确认安装无误。

☐ 先启动电源，再起动液压泵。

☐ 按照任务要求，对所搭建的液压、电气回路进行调试。

【注意】

① 当液压泵开启时，液压缸可能会意外伸出。

② 在操作过程中，不能超过液压系统最大容许工作压力。

2）正确完成液压压力机系统电、液控制回路搭建及调试后，请进行工位的整理。完成相关步骤后，请在前面方框内标注"√"。

☐ 关闭液压泵。

☐ 关闭电源。

☐ 在拆卸回路前，需确保液压元件中的压力已释放，注意只能在零压力下拆除安装。

☐ 拔出所用油管，并放置在规定位置。

☐ 整理所用液压元件，并放置在规定位置。

☐ 拔出所用导线，并放置在规定位置。

☐ 整理所用电器元件，并放置在规定位置。

☐ 实验桌椅摆放到位。

3. 在实际的生产中，当设备发生故障时要迅速查明原因，排除故障，使设备恢复正常运行，将经济损失降低到最小。每个"故障"都包含着丰富的知识、技能、经验、规律。故障在液压系统工作过程中是难以避免的，遇到故障后，我们有如下三种方法去诊断故障：

1）利用液压系统设计图分析法。根据液压系统设计图进行分析，由故障的一般现象，找出最可能出现故障的液压元件，再进行查看、筛选、核实，最终确定液压系统故障位置，并进行维修。利用液压系统设计图诊断故障，是液压系统故障诊断的一种基础方法。

2）利用鱼刺图分析法。鱼刺图分析法是利用因果关系对故障进行分析的。当液压设备出现故障时，先找到故障的主要因素，再找到故障的次要因素，按由主到次的顺序对故障因素一个一个地分析，并用引线逐级标注成图，图画出来就像鱼刺，最后把故障找准。

3）利用逻辑流程图分析法。逻辑流程图分析法是根据液压系统的基本原理进行逻辑分析，减少怀疑对象，逐步排除，最后找出故障发生的部位。检测分析故障的原因，根据故障诊断设计出逻辑流程图，这样可以提高工作效率，借助计算机就能及时找到产生故障的部位和原因，从而及时排除故障。

完成本次任务后，请你完成以下问题：

在回路搭建和系统调试过程中，你遇到了哪些问题？请写出解决问题的方法。

问题 1	
原因 1	
解决方法 1	
问题 2	
原因 2	
解决方法 2	

参 考 文 献

[1] 刘银水，李壮云. 液压元件与系统 [M]. 4 版. 北京：机械工业出版社，2019.

[2] 王洁，苏东海，官忠范. 液压传动系统 [M]. 4 版. 北京：机械工业出版社，2015.

[3] 唐少琴，王瑜. 液压与气动技术 [M]. 北京：机械工业出版社，2022.

[4] 吴振顺. 气压传动与控制 [M]. 2 版. 哈尔滨：哈尔滨工业大学出版社，2009.